马克思主义简明读本

新时期的爱国主义

丛书主编：韩喜平

本书著者：吕　航

编　委　会：韩喜平　邵彦敏　吴宏政
　　　　　　王为全　罗克全　张中国
　　　　　　王　颖　石　英　里光年

吉林出版集团股份有限公司

图书在版编目（ＣＩＰ）数据

新时期的爱国主义/吕航著.--长春:吉林出版集团股份有限公司，2014.4（2021.2重印）
（马克思主义简明读本）

ISBN 978-7-5534-2612-9

Ⅰ.①新…Ⅱ.①吕…Ⅲ.①爱国主义—研究—中国Ⅳ.①B822.1

中国版本图书馆CIP数据核字（2013）第174255号

新时期的爱国主义
XIN SHIQI DE AIGUO ZHUYI

丛书主编： 韩喜平
本书著者： 吕　航
项目策划： 周海英　耿　宏
项目负责： 周海英　耿　宏　宫志伟
责任编辑： 宫志伟
出　　版： 吉林出版集团股份有限公司
发　　行： 吉林出版集团社科图书有限公司
电　　话： 0431-81629720
印　　刷： 永清县晔盛亚胶印有限公司
开　　本： 710mm×960mm　1/16
字　　数： 100千字
印　　张： 12
版　　次： 2014年4月第1版
印　　次： 2021年2月第4次印刷
书　　号： ISBN 978-7-5534-2612-9
定　　价： 36.00元

如发现印装质量问题，影响阅读，请与出版方联系调换。

序　言

习近平总书记指出，青年最富有朝气、最富有梦想，青年兴则国家兴，青年强则国家强。青年是民族的未来，"中国梦"是我们的，更是青年一代的，实现中华民族伟大复兴的"中国梦"需要依靠广大青年的不断努力。

要提高青年人的理论素养。理论是科学化、系统化、观念化的复杂知识体系，也是认识问题、分析问题、解决问题的思想方法和工作方法。青年正处于世界观、方法论形成的关键时期，特别是在知识爆炸、文化快餐消费盛行的今天，如果能够静下心来学习一点理论知识，对于提高他们分析问题、辨别是非的能力有着很大的帮助。

要提高青年人的政治理论素养。青年是祖国的未来，是社会主义的建设者和接班人。党的十八大报告指出，回首近代以来中国波澜壮阔的历史，展望中华民族充满希望的未来，我们得出一个坚定的结论——实现中华民族伟大复兴，必须坚定不移地走中国特色社会主义道路。要建立青年人对中国特色社会主义的道路自信、理论自信、制度自信，就必须要对他们进行马克思主义理论教育，特别是中国特色社会主义理论体系教育。

要提高青年人的创新能力。创新是推动民族进步和社会发展的不竭动力，培养青年人的创新能力是全社会的重要职责。但创新从来都是继承与发展的统一，它需要知识的积淀，需要理论素养的提升。马克思主义理论是人类社会最为重大的理论创新，系统地学习马克思主义理论有助于青年人创新能力的提升。

要培养青年人的远大志向。"一个民族只有拥有那些关注天空的人，这个民族才有希望。如果一个民族只是关心眼下脚下的事情，这个民族是没有未来的。"马克思主义是关注人类自由与解放的理论，是胸怀世界、关注人类的理论，青年人志存高远，奋发有为，应该学会用马克思主义理论武装自己，胸怀世界，关注人类。

正是基于以上几点考虑，我们编写了这套《马克思主义简明读本》系列丛书，以便更全面地展示马克思主义理论基础知识。希望青年朋友们通过学习，能够切实收到成效。

韩喜平

2013年8月

目　　录

引　言

从古至今，各国都高度重视、极力引导和精心培育国民的爱国主义精神。世界各国各族人民，对自己国家弘扬爱国主义，也都普遍认同并乐于接受。弘扬爱国主义，在任何一个主权国家里，都无时不在，无处不在。它贯穿于国家民族的各个时期，贯穿于国家的建立、巩固、发展的各个阶段，贯穿于教育的全过程以及社会生活的各个方面。尤其是在国家发生重大事件，如动员人民应对战争、重大自然和人为灾害，动员群众攻坚克难，以及进行内外政策重大调整的时候，整个社会就会更加关注和强调弘扬爱国主义。

这是因为，爱国主义是动员和鼓舞人民团结奋斗的旗帜，是激发爱国热情、落实爱国行动的精神支柱，是实现国家目标的重要思想保障。爱国主义精神对推动民族历史前进具有强大的凝聚力、感召力和动员力。

中国共产党第十八次代表大会向世界人民展示了一幅雄浑壮阔的民族复兴宏伟蓝图：到2020年，中国将全面建成小康社会；到2049年，中国将建成富强民主、文明和谐的中国特色社会主义现代化国家。这表明我国越来越接近实现中华民族伟大复兴的"中国梦"。

广大青少年是未来实践"中国梦"，见证"中国梦"，分享"中国梦"的生力军。实现"中国梦"，比以往任何时候，都更加需要振奋以爱国主义为核心的伟大民族精神。梦想催人奋进，道路艰难曲折。实现"中国梦"，青少年应当继续发扬民族精神，继承弘扬中华民族爱国主义光荣传统。

本书尝试用马克思主义观点，以亲近平实、通俗易懂的方式，就爱国主义的有关问题，与青少年朋友展开对话。如有裨益，权作对我们挚爱的祖国，奉献点滴绵薄之力。

第一章　爱国主义的科学内涵

　　自有国家以来，世界各族人民都以是否热爱自己的祖国，能否为国家贡献力量作为尺度，来评价一切个人、集团、政党、阶级的言行，并据以评判一个国家的社会先进状况。因此，热爱祖国的思想和行为，在人类社会生活中具有深远的意义。人们把是否热爱祖国作为分辨美与丑、善与恶、是与非，决定赞扬还是唾弃、效法还是惩戒的准绳。事实上，爱国也是世界各个国家弘扬的主旋律。世界各国都很重视对国民进行爱国教育。尽管人们较少接触到其他国家宣传爱国的政治论文，但认真观察一下也不难发现，世界各个国家种种政治、经济、社会、文化措施，无一不同进行爱国教育、加强民族凝聚力、强化国家意识密切相关。美国人也讲爱国主义，他们崇尚肯尼迪的一句名言："不要问国家能为你做些什么，先问你能为国家做些什么！"他们有很强的民族自尊心和自豪感，总是自恃"我作为一个美国人是幸福的，是值得骄傲的"。众所周知，美国人十分重视自己的民族传统，也非常珍惜自己民族的历史。虽然美国的历史并不悠久，但它很注意发挥历史与传统的价值和力量，用以传播美国精神，鼓舞民众的士气。美国有许多全国性的节日：独立日、国旗制定纪念日、哥伦布日、华盛顿诞辰、退伍军人节、阵亡将士纪念日、感恩节，等等。众多的节日活动，实际上是对国人进行爱国主义教育的有效方式。

古今中外，人们都把自己的祖国比作母亲，对她怀着极其深厚的感情，英文中"祖国"的单词是"motherland"，字面含义就是"母亲之国"。对"母亲之国"的热爱，是人类的一种共同的情感。我们对祖国母亲怀着感恩之心，我们每一个人都应把感恩之心化为效国之志，为祖国母亲的繁荣富强作出自己的贡献。

爱国主义是一种崇高的思想感情，更是一种崇高的行为。列宁对于爱国主义的产生作过精彩的阐释，他指出："爱国主义是由于千百年来各自的祖国彼此隔离而形成的一种深厚的感情。"爱国主义体现了人民群众对自己祖国的深厚感情，反映了个人对祖国的依存关系，是人们对自己的故土家园、种族和文化的归属感、认同感、尊严感与荣誉感的统一。它是调节个人与祖国之间关系的道德要求、政治原则和法律规范。

第一节　爱国主义是高尚的情感

一个名叫李立的中国留学生，讲述了他在美国留学时的一段经历。李立的邻居是一个靠卖艺为生的吉卜赛人，名叫阿普杜拉。他开朗乐观，为人诚恳，很快就和李立成了好朋友。一个休息日，李立和阿普杜拉一边喝咖啡一边聊天，谈到吉卜赛人四海为家的习俗，李立真诚地对阿普杜拉说："我很钦佩你们吉卜赛人的才华和生存能力，无论在世界的哪个角落，几乎都有你们吉卜赛人的身影。"阿普杜拉也高兴地说："不错，我们吉卜赛人无论到哪里，都能被那里的人民所接纳。"但突然，阿普杜拉的声音变得低沉了许多："但这也正是我们吉卜赛人的悲哀，因为我们没有祖国。"说到这里，一向乐观粗犷的阿普杜拉，眼里噙满了泪水。李立被深深地震撼了，他突然感到，与阿普杜拉相比，自己是多么幸福，因为在自己的身后，有一个历史悠久的伟大祖国。

从情感的主体来讲，爱国情感是个体对民族和国家的一种心理上的依恋。诗人艾青曾经说过："为什么我的眼里常含泪水？因为我对这土地爱得深沉。"祖国是什么？祖国是生养我们的大地，更是我们生命的根须。任何民族、任何个人，失去了根须，失去了扎根的土地，都只能像随风漂泊的蒲公英，永远无法主导自己的命运。每一个生于斯、长于斯的华夏子孙，都会对脚下这片土地充满着深厚的感情。

爱国情感表现为对自己同胞和亲人的热爱和对国家命运的关注。1925年3月，身在美国纽约的著名诗人闻一多有感于时事，把被帝国主义掠走的澳门、香港、台湾、威海卫、广州湾、九龙、旅大，比喻为七个与祖国母亲离散的孤儿，并写出了七块土地对祖国母亲的眷恋，澳门便是七子之首：你可知Macau不是我的真名姓，我离开你太久了，母亲，但是他们掳去的是我的肉体，你依然保管着我内心的灵魂。

爱国情感还体现在对祖国强烈的依存感和归属感上。

伟大的音乐家肖邦，年轻时就已经很有名了。当时，波兰正遭受沙俄的侵略，出于对祖国的热爱，他想留在国内。但残酷的现实会夺走他的艺术才华，所以他接受了师友们的建议，到国外去深造同样也可以为祖国争光。出国前，朋友们送给他一个银瓶，里面装着波兰的泥土，勉励他不忘祖国。后来，由于波兰反动政府不让肖邦回国，他在法国、德国等地颠沛流离了19年。可那只装满泥土的银瓶却一直都没有离开他。1849年，肖邦在巴黎重病不起。临终前，他对妹妹柳德维卡说："我死后，波兰反动政府是不会允许把我的遗体运回华沙的。但你们至少要把我的心脏带回去。"肖邦病逝后，亲友们按照他的遗嘱，把他的心脏带回到了华沙，保存在圣十字教堂里。至此可见，肖邦的爱国之心可谓深切至真。

爱国情感表现在个体深切感受到国家的兴衰荣辱和个人利益息息相关的基础上，把祖国的生存发展、繁荣富强作为自己的责任、应尽的义务和神圣的使命。具体体现为：高度的民族自豪感，强烈的民族自尊心，坚定的民族自信心。德国著名爱国诗人，也是爱国英雄的裴多非，写过一首著名的箴言诗《自由与爱情》："生命诚可贵，爱情价更高，若为自由故，二者皆可抛。"150年来，它一直被世界各族人民所传唱，成为青年人的座右铭。究其真谛，就是因为海涅用诗的浪漫语言，精彩地阐释了践行爱国主义的心灵体验，道出了为祖国的自由解放而奋斗牺牲，是比爱情和生命还重要的崇高品格，是实现人生价值的最高体验。

爱国情感体现在个体对国家前途的责任感和尊严感上。茅以升，桥梁建筑专家，23岁在美国获得工科博士学位之时，人们纷纷向他投来尊敬、赞美的目光，一份份诱人的聘书也向他招手。有人劝他留在美国，说是科学没有国界。但是茅以升却斩钉截铁地回答："不！纵然科学没有祖国，科学家却是有祖国的！我是中国人，我的祖国更需要我！"他毅然踏上了归国的道路。正是出于对祖国的热爱，才使茅以升放弃了国外优越的生活条件。

爱国主义是一种崇高的道德情感，它是依存感、归属感、认同感、尊严感、责任感、荣誉感等复杂感情的统一；它是一种人生来有之、不证自明的、自然而然的感情。对它的爱，是纯粹的爱，是没有理由的、不要任何代价和回报的爱。有了我们的祖国母亲，才有了我们的中华民族，才让我们有了强烈的归属感、自信感、尊严感。一旦丧失了这个祖国，中华民族就不能生存。这又让我们有了对祖国生死存亡的忧患，有了对祖国繁荣昌盛的追求与期盼。由此也就形成了我们对祖国最执着、最真诚、最炽烈的爱。这种对祖国的爱，是质朴的、自然的，甚至是本能的。热爱祖国，理所当然，天经地义。就如同我们爱母亲，无论她是富有还是贫穷，无论她是健康还是疾病，我们都由衷热爱。富有，我们骄傲，深感尊严；贫穷，我们焦急，渴望强盛；健康，我们快乐，衷心祝福；疾病，我们忧虑，期望康复。当她遭遇侵略、戕害、强暴，我们必将同仇敌忾，拼死抗争。爱祖国如同爱母亲，不必编造理由，更不必拼凑条件。犹如海涅深情地倾诉："我是你的，我的祖国！都是你的，我的这心、这灵魂；假如我不爱你，我的祖国，我能爱哪一个人？""纵使世界给我珍宝和荣誉，我也不愿离开我的祖国。因为纵使我的祖国在耻辱之中，我还是喜欢、热爱、祝福我的祖国。"也像苏联著名教育家苏霍姆林斯基，极尽其溢美之词，坦露出对祖国的热爱之情："热爱祖国，这是一种最纯洁、最敏锐、最高尚、最强烈、最温柔、最有情、最温存、最严酷的感情。一个真正热爱祖国的人，在各个方面都是一个真正的人。"

人们经过长期实践，把爱国情感和思想观念，凝练成民族群体的崇高理想和主张，从而形成爱国主义。共产党人、为救国捐躯的烈士夏明翰就曾作过一首《就义诗》，"砍头不要紧，只要主义真。杀了夏明翰，还有后来人"，阐释了将爱国情感升华为爱国主义的重要性。爱国主义，是中华民族无数仁人志士、爱国英雄，愿意为国奉献以至流血牺牲的强大支柱。它以爱国情感为基础，以爱国志向为动力，以爱国行为作检验，是指引爱国行动的旗帜。人们长期生活在这片国土里，自然就产生一种热爱、建设、保卫这片土地的思想观念。这种思想观念，作为群体意识，凝聚着人们对祖国及其根本利益的整体认识，对祖国前途命运的理性审视和把握，对建设祖国的理想和筹划，具体表现为民族自尊意识、民族自强意识、民族自觉意识、民族忧患意识、竞争参与意识等。作为个体意识，潜在于人们的内心深处，包括对自己祖国的亲身体验和间接认识，对祖国传统文化的评价，对祖国利益的认同等，从而形成个体的特定的祖国观。

第二节　爱国主义是政治原则

自觉维护国家和民族的整体利益始终是中华民族精神的最高行为原则。中国自古以来就是一个幅员辽阔、内陆纵深、大河涛涛、率土万里的国家。在中华民族五千年历史长河中，在与无数天灾人祸的斗争中，我们很早就认识到国家和民族整体利益具有至高无上的价值。国家民族的整体利益是实现个人利益的保障，这是千百年来中华民族的集体共识，而且越是在不利的环境中生活，就越是需要一种团结统一的奋斗精神。这使得中华民族越是遭临大灾大难，就越是能够激发出强大的民族凝聚力和向心力，越是能够空前地团结统一、一致对外，这是中华民族五千年绵延不绝的根本原因之一。

方志敏在《可爱的中国》一书中，曾痛斥傀儡、卖国贼蒋介石的"不抵抗主义"，号召人民群众进行神圣的民族革命战争，把帝国主义列强赶出去。他说："这才是中国唯一的出路，也是我们救母亲的唯一方法。"方志敏烈士于1935年1月在率领北上抗日先锋队途中被敌人俘虏，1935年就义于南昌。《可爱的中国》就是他被押南昌监狱时期写的。在《狱中纪实》一书中，他写道："敌人只能砍下我们的头颅，决不能动摇我们的信仰！因为我们信仰的主义，乃是宇宙的真理。"国家民族整体利益的至上性已成为历史上各朝各代的最高政治原则，并体现在中华民族众多的有关"知"与"行"的原则和制度规范之中。中华民族的制度和行为规范最终都表现于自觉维护国家民族的整体利益，践行团结统一这一最高政治原则和标准上。

第三节　爱国主义是道德规范

爱国主义道德规范产生作用的方式有着自己的特殊性，就是靠人们自觉自愿来实现，靠社会舆论、传统习俗以及人们的内心信念来发挥作用。当人们为祖国做了好事，尽到一个公民的义务时，他就会觉得问心无愧，得到精神上的满足，并且受到社会舆论的褒扬。反之，他就会感到内疚和羞愧，就会受到社会舆论的谴责。正是由于爱国主义道德规范是通过人的内心信念的支配、社会舆论的监督和传统习俗的继承而发挥作用的，所以它具有广泛性、普遍性和持久性，成为推动祖国历史前进的强大精神动力。

世界各国普遍把爱国、报国、强国视为高尚的美德，把卖国、辱国、叛国等视为不道德的丑恶行为。爱国的英雄，成为人们世代颂扬的对象，而卖国的汉奸，则是千古罪人。杭州有座岳王墓，就是人民纪念岳飞所建。坟前用生铁铸成了世世代代受人们唾骂的秦桧奸党四人的跪像，让参观的人以自己的方式来表达对这些人的痛恨之情。

爱国主义成为人们进行道德评价的标准道德规范是调整人们之间的利益关系、判断人们行为是非善恶的一种准绳，是对人们道德关系、道德生活的总结和概括。中华民族崇尚道德是一种优良传统，人们把爱国视为至高无上的美德。抗倭英雄邓世昌说："吾辈从军卫国，早置生死于度外，今日之事，有死而已！""我立志杀敌报国，今死于海，义也，何求生为！"著名爱国科学家詹天佑认为"大丈夫为国牺牲，死而无憾。各出所学，各尽所知，使国家富强不受外侮，足以自立于地球之上"。抗日英雄吉鸿昌怀着"恨不抗日死，留作今日羞。国破尚如此，我何惜此头"的壮志走上刑场。吴玉章为报效祖国而出国留学，他以诗明志，"不辞艰险出夔门，救国图强一片心。莫谓东方皆落后，亚洲崛起有黄人"，归国后献身祖国教育事业，成为我国著名的教育家。

"八荣八耻"社会主义荣辱观内容是："以热爱祖国为荣、以危害祖国为耻，以服务人民为荣、以背离人民为耻，以崇尚科学为荣、以愚昧无知为耻，以辛勤劳动为荣、以好逸恶劳为耻，以团结互助为荣、以损人利己为耻，以诚实守信为荣、以见利忘义为耻，以遵纪守法为荣、以违法乱纪为耻，以艰苦奋斗为荣、以骄奢淫逸为耻。""八荣八耻"把"以热爱祖国为荣、以危害祖国为耻"作为核心，贯彻了社会主义时代的爱国主义的追求和主张，彰显了爱国主义不仅是一种个人对祖国的深厚感情，而且是调整个人与国家、民族关系、家庭关系的一种基本的道德规范。

我国对公民的基本道德规范是"爱国守法、明礼诚信、团结友善、勤俭自强、敬业奉献"。"爱国守法"作为公民对国家的最首要的道德义务，其要求是，公民应当热爱国家、建设国家、保卫国家，维护国家的尊严，保守国家的机密，敢于同一切危害国家利益和安全的行为作斗争，把对国家的一切义务和责任看成是自己的天职。"守法"是公民道德的最低层次的要求。公民应当维护法律确定的最基本的政治秩序和社会秩序，承担法律所规定的一个公民应尽的义务。

恪守这些规范，特别是做到爱国、报国、兴国、强国、救国，就会被倡导褒扬、敬佩咏颂而流芳百世。否则，作出辱国、祸国、乱国、叛国、卖国的勾当，则是奇耻大辱，就会被国人鄙视唾骂、谴责讨伐，以至惩罚治罪、遗臭万年。这就要求人们把爱国、报国、兴国、强国、救国看作崇高美德，把卖国、辱国、祸国、乱国、叛国视为可耻行为。

第四节　爱国主义是法律规范

我国宪法明文规定："中华人民共和国公民有维护国家统一和全国各民族团结的义务"，"中华人民共和国公民有维护祖国的安全、荣誉和利益的义务，不得有危害祖国的安全、荣誉和利益的行为"，"保卫祖国、抵抗侵略是中华人民共和国每一个公民的神圣职责"，"依照法律服兵役和参加民兵组织是中华人民共和国公民的光荣义务"。

国家的统一和民族的团结是社会安定和谐、人民生活幸福的前提和保证，国家的荣誉和安全是我们安居乐业的必要条件。因此，每个公民都有义务维护国家主权独立、民族团结和领土完整。任何人不得破坏国家统一、制造民族冲突和矛盾。每个公民都必须与破坏国家统一和民族团结的言论、行动作斗争，同一切损害国家安全和利益的行为作斗争。在我国，民族团结是主流，是根本，但又是值得关注的大问题。各族人民十分珍视民族团结，一些少数民族实现了历史性跨越，从奴隶到主人。各少数民族地区得到国家倾斜政策扶持，各族人民合力支援，经济社会发展有了显著提高。但是，仍然有敌对势力蓄意制造混乱，破坏民族团结，甚至图谋分裂民族，分裂国家。西藏、新疆出现的骚乱就应当引起警惕。制造骚乱，社会不稳，必将伤害国家和中华民族的整体利益，而直接受害的则主要是本民族的骨肉同胞。对极个别图谋不轨之徒，我们决不能手软，要依法惩治，同时要对民族团结作出奉献的人予以鼓励。

《民法》、《刑法》、《行政诉讼法》和大量的特别法、行政法规、规章制度，对危害社会，制造动乱，分裂民族和国家，偷税逃税，战场脱逃，通敌卖国，破坏国家资源、环境，盗抢、贪污国家和人民财产，伤害人民健康，虐待老少妇女等破坏国家、人民利益的行为都有刑罚处罚的规定。

第五节　爱国主义是实现人生价值的力量源泉

人生在世应当有所追求，其追求的实践结果，则是你的人生价值。但是，人是社会的人，其价值只能由社会作出评判。人生价值评价的根本尺度，是看一个人的人生活动是否符合社会发展的客观规律，是否通过实践促进了历史的进步。在阶级社会里，对人生价值评价的普遍标准，是践行爱国主义，通过体力和脑力劳动，对国家和人民作出贡献。具有什么样的人生价值，由爱国主义的时代内容所决定。贡献越大，其人生的价值也就越大，反之，如果起到某种反作用，那么，人生价值就表现为负值。

爱国主义的主张，是把热爱国家、建设国家、富强国家、保卫国家和为人民服务所作出的贡献作为评价人生价值的标尺。爱国主义不仅体现了我们每个人对祖国的热爱，还体现了我们每个人对祖国的一份责任。一个热爱祖国的人往往有着明确的目标和崇高的理想。爱国不仅仅是一种主观的精神，还是一种坚定而执着的行为。一个人对祖国爱得越深，历史责任感就越强，人生目标就越明确，人生信念就越坚定。一个人能够成为什么样的人，在很大程度上依赖于生于斯、长于斯的祖国和其所处的社会环境。祖国和社会为个人的成长发展创造条件，对个体的成绩作出判断和评价，为个人人生价值的路径指明方向。

翻开中华民族五千年历史，那些彪炳史册的伟人英雄，无一不是伟大的爱国者。一个人对祖国爱得愈深，历史责任感就愈加强烈，人生信念也愈加坚定。古往今来，被人称为伟人、英雄、模范、人才、精英而被无比敬仰、尊重、褒扬的人，追根溯源，无一例外，都有着浓烈的爱国情结，尽管先贤未必使用爱国主义概念。那些爱国英雄们，也并非总是喋喋不休地标榜自己如何爱国，而是在他们身后，在他们的明志诗文中，在他们与至亲挚友的谈话、书信里，特别是在他们面临生死关头的时候，才坦露出他们对祖国最真挚的爱。

岳飞是在其母亲在他后背刺下"精忠报国"之后，南宋徽宗、钦宗双双被掠的情形下踏上抗金救国征程的。抗金战斗连连告捷，而佞臣秦桧劝高宗投降议和，下十二道金牌令其回朝，救国壮志难酬，悲愤写下《满江红》呼喊救国绝唱，"抬望眼，仰天长啸"，"靖康耻，犹未雪；臣子恨，何时灭？驾长车，踏破贺兰山缺。壮志饥餐胡虏肉，笑谈渴饮匈奴血。待从头，收拾旧山河，朝天阙。"爱国壮志仍未泯灭。我们认定陆游是伟大的爱国诗人，是他在诗中不停地向人们阐发，"一寸赤心惟报国"，"位卑未敢忘忧国"，"僵卧孤村不自哀，尚思为国戍轮台"，临终还嘱咐，"死去原知万事空，但悲不见九州同。王师北定中原日，家祭无忘告乃翁"。从一首首的爱国诗歌，可见陆游对祖国那深沉的爱。

西汉时期的爱国民族英雄霍去病，年仅18岁，就婉拒汉武帝许他的高官厚禄，请缨捍卫边境，带领一个小分队奇袭匈奴的大本营，杀死匈奴单于的爷爷，俘虏了匈奴的相国和单于的叔父，勇冠三军，后来霍去病屡立战功，横越大漠，前进两千余里，大破匈奴左贤王的军队，歼灭俘获匈奴十一万人，最终将剩余部队一直追到狼居胥山下，迫使浑邪王投降汉朝，致使北部匈奴迁往东欧，将西部蒙古草原收归汉朝版图。霍去病胜利归来时，武帝劝其安家，他却坚称"匈奴未灭，何以家为"，足见祖国安危在他心中该有多重。

秋瑾是著名的巾帼英雄，革命烈士。她是怀着对八国联军的无比憎恨，以及对国家命运的深深忧虑，走上救国道路的。英勇就义前，她以诗明志："头颅肯使闲中老？祖国宁甘劫后灰？无限伤心家国恨，长歌慷慨莫徘徊。几番回首京华望，亡国悲歌泪涕多。北上联军八国众，把我江山又赠送。白鬼西来做警钟，汉人惊破奴才梦。"她对国人爱之益切，恨之不争。要大家想一想，"猛回头，祖国鼾眠如故。外侮侵陵，内容腐败，没个英雄做主。天乎太毒！看如此江山，忍归胡虏？豆剖瓜分，都为吾故土。"为此，她"不惜千金买宝刀，貂裘换酒也堪豪。一腔热血勤珍重，洒去犹能化碧涛"。后因叛徒泄密，起义失败被捕。就义前，面对敌人酷刑，写下"秋风秋雨愁煞人"七个大字，表达了她忧国忧民的爱国情怀。秋瑾就义已经一百多年，世事沧桑，当今中国已不再是血与火的革命斗争年代。但秋瑾的精神，依然具有时代意义。她那种忧民忧国，为了祖国独立富强，不惜牺牲个人生命，用鲜血来唤醒民众的做法，就是一种炽热的爱国主义精神。当今我们在发展的征途中，同样充满困难与风险，必须居安思危，充满忧患意识。因此，我们需要弘扬这种以爱国主义为核心的民族精神，实现自己的人生价值。

爱国主义说到底，就是基于爱而产生的对祖国富强、人民幸福的坚定主张和赤诚追求，从而自觉地乐于为祖国和人民服务奉献。对祖国和人民爱得越深，其贡献就越大，人生价值也就随之增加。爱国主义是他们成就人生价值的动力源泉和永恒追求。因此，他们认为："如果我们选择了最能为人类福利而劳动的职业，那么，重担就不能把我们压倒，因为这是为大家而献身；那时我们所感到的就不是可怜的、有限的、自私的乐趣，因为我们的幸福将属于千百万人，我们的事业将默默地，但却永恒发挥作用地存在下去，而面对我们的骨灰，高尚的人们将洒下热泪。"鲁迅说："在人生的路上，将血一滴一滴地滴过去，以饲别人，虽自觉渐渐瘦弱，也以为快乐。"王若飞认为："为了保存一个人的生命，而背叛了千万人的解放事业，遭到千万唾弃，那活着还有什么意思？"詹天佑的人生追求是："各出所学，各尽所知，使国家富强不受外侮，足以自立于地球之上。"伟大的共产主义战士雷锋则强调："一个人的生命是有限的，可是，为人民服务是无限的，我要把有限的生命，投入到无限的为人民服务之中去。"

至于在祖国近现代涌现出的领袖级人物，如李大钊、毛泽东、邓小平、周恩来等人，在他们的名字前，都可以冠以"伟大"二字，以公认他们的人生价值极为崇高。究其根本原因，皆是由于他们都有着极为强烈的爱国情感，对祖国的前途极为关心，对祖国的命运极为忧虑，把追求祖国的独立自主、繁荣富强、人民生活幸福，作为人生最为崇高的目标。爱国主义驱使他们为祖国的独立解放、人民的幸福安康，为实现爱国主义的理想，殚精竭虑、艰苦奋斗、坚持不懈、无私无畏地奉献全部力量，去取得比常人更为巨大的成就。正因如此，历史、国家和民众才给予了他们如此崇高的评价。

一个人越是热爱自己的祖国，历史责任感就越强烈，人生目标也就越明确，人生信念也就越坚定，就会充分秉持以爱国主义为核心的团结统一、爱好和平、勤劳勇敢、自强不息的伟大民族精神。把中华民族的伟大民族精神，体现在工作、劳动、学习、行政、执法、军事等各个实践领域中，以民族精神的原则与规范严格约束自己，艰苦奋斗，不屈不挠地为国家作出应有贡献，才会彰显自己的人生价值。周恩来说："我们爱我们的民族，这是我们自信心的泉源。"詹天佑说："各出所学，各尽所知，使国家富强不受外侮，足以自立于地球之上。"鲁迅也说："惟有民魂是值得宝贵的，惟有他发扬起来，中国才有真进步。"从政治家到科学家再到文学家，从五千年的繁荣历史到旧中国的惨败落后，从屈辱百年的旧中国到独立自主的新中国，每一个时代都会有一些历史风流人物，而那些伟大人物，无一不是因为一直怀揣着一颗热爱祖国的赤子之心，才会在爱国主义精神的鼓舞下努力拼搏，实现自己的人生价值。

爱国主义是情感，更是理想和主张。它是中华民族在千百年来的社会实践中，形成的对祖国的深厚感情，更是人民追求国家独立自主、繁荣富强、世界文明进步的崇高理想和主张。爱国主义是道德规范，是法律规范，也是实现人生价值的标尺。它是中华民族精神的核心，贯穿于民族精神的各个方面，是动员民族团结奋斗的旗帜，推动民族历史前进的动力，鼓舞民族自强不息的精神支柱，它需要自下而上推崇力行，自上而下推动培育。现阶段爱国主义集中体现在为实现中华民族的伟大复兴而奋斗。

延伸阅读

两弹元勋——邓稼先

1941年，年仅21岁的邓稼先便在学生运动中担任北大教职工联合会主席；1947年，他毕业于美国普渡大学研究生院，人称"娃娃博士"；取得学位后，他毅然放弃了美国的优越条件，第九天便回到中国，加入中国科学院，成为一名助理研究员。1958年秋，他神秘"消失"，从此，他的身影只出现在大漠戈壁和戒备森严的深院，制成了世界上最快速度的氢弹。他把一生献给了祖国，临终时，仍关心我国尖端武器的前途，叮咛道："不要让人家把我们落得太远……"

1986年，"两弹元勋"邓稼先的名字在国内公开时，当年大漠上孤烟缭绕的谜底终于被揭开。当人们准备来颂扬这位功臣时，却发现他已经平静地辞世而去，仅留我们缅怀，但党和国家授予他的"两弹一星功勋奖章"和五一劳动奖章将永远闪耀光芒。

1945年正值抗战胜利，邓稼先大学毕业，并参加了共产党在昆明的外围组织"民青"，投身争取民主、反对国民党卖国独裁的斗争。翌年，他回到北平，担任北京大学物理系助教，并担任学生运动中的北大教职工联合会主席。怀着学更多本领以建设新中国的志向，1947年他通过了赴美研究生考试，于翌年秋进入美国印第安那州的普渡大学研究生院。由于学习成绩突出，他不足两年便读满学分，并通过博士论文答辩。此时他年仅26岁，人称"娃娃博士"。

1950年夏天，邓稼先在美国取得博士学位，他完全可以留在那里享受良好的工作条件和优厚的待遇，但他谢绝了恩师和校友的挽留。在取得博士学位的第九天，毅然决然地回来建设仍一穷二白的祖国。同年国庆节，在北京外事部门的招待会上，有人问他带了什么回来？他说："带了几双眼下中国还不能生产的尼龙袜子送给父亲，还带了一脑袋关于原子核的知识。"1950年10月，邓稼先加入中国科学院近代物理研究所。此后的八年间，他一直致力于中国原子核理论的研究。1953年，他与许鹿希结婚，许鹿希是五四运动的重要学生领袖，后来担任全国人大常委会副委员长的许德珩的长女。1954年，邓稼先成为一名中国共产党党员。

1958年秋天，担任二机部副部长的钱三强找到邓稼先，说"国家要放一个'大炮仗'"，问他是否愿意参加这项必须严格保密的工作。邓稼先毫不犹豫地同意了，回家对妻子只说自己"要调动工作"，不能再照顾家和孩子了，通信也将很困难。妻子从小受爱国思想熏陶，她明白丈夫肯定是要从事至关重要的工作，非常支持丈夫。从此，邓稼先的名字便在刊物和对外联络中消失，他的身影只出现在戒备森严的深院和大漠戈壁。

邓稼先在就任二机部第九研究所理论部主任期间，曾挑选了一批大学生准备有关俄文资料和原子弹模型。1959年6月，当苏联政府中止了原有协议时，中共中央就下决心自己动手研制出原子弹、氢弹和人造卫星。期间由邓稼先担任原子弹的理论设计负责人，从此，他带头攻关并部署同事们分头研究计算。又一次，在遇到一个苏联专家留下的核爆大气压的数字时，在周光召的帮助下邓稼先以严谨的计算推翻了原有结论，从此解决了中国原子弹试验成败的关键性难题。数学家华罗庚后来称这次成果是"集世界数学难题之大成"。

1964年10月，邓稼先最后签字确定的设计方案使得中国成功爆炸了第一颗原子弹。他不仅在秘密科研院所里费尽心血，还曾亲自到戈壁的试验现场。同年，他又同于敏等人投入对氢弹的研究，制定了"邓—于方案"，1967年中国第一颗氢弹爆炸试验成功，这同法国用8年、美国用7年、苏联用4年的时间相比，算是创造了世界上最快的速度。

中国研制原子弹时，正值三年困难时期，科研人员虽粮食供应定量，却常因缺乏油水，饥肠辘辘，他们就是在这样艰苦的条件下日夜加班。邓稼先把从岳父那里得到的一点粮票都用来买饼干之类的，当工作紧张时拿来与同事们分享。邓稼先冒着酷暑严寒，在试验场度过了整整10年的单身汉生活，他强调试验的基本原则是亲临第一线，有过15次在现场领导核试验，因而为他的科研掌握了大量的第一手材料。

一次，在航投试验过程中，降落伞出现事故，原子弹从高空坠落，邓稼先深知危险，却抢上前去把摔破的原子弹碎片拿到手里仔细检验。妻子身为医学教授，知道此事后，在邓稼先回北京时强拉他去检查，结果在他的小便中发现放射性物质，肝脏被损，骨髓里也侵入了放射物，但邓稼先仍坚持回核试验基地。他虽步履艰难，仍坚持要自己去装雷管，并首次以院长的权威向周围的人下命令："你们还年轻，你们不能去！"

1972年，邓稼先担任核武器研究院副院长，1979年任院长。1984年，他在大漠深处指挥的中国第二代新式核武器试验成功。1985年，邓稼先因身体极度不适，最终离开罗布泊回到北京，但他说自己想参加会议。医生强迫他住院并告知他已患有癌症。他倒在病床上，面对着妻子和国防部长张爱萍的安慰，平静地说："我知道这一天会来的，但没想到它来得这样快。"在邓稼先去世前不久，组织上为他配备了一辆专车。他只是在家人搀扶下，坐进去转了一小圈，表示已经享受了国家所给的待遇。国家尽了一切力量，却无法挽救他的生命。在他去世13年后，党中央、国务院和中央军委于1999年国庆50周年前夕，又向邓稼先追授了金质的"两弹一星功勋奖章"。

邓稼先在抗日救亡的呼喊中长大，他从青少年时代起就抱定了科技强国的志向，将个人的事业与民族兴亡紧密相连，伴随着西南联大校歌声"千秋耻，终当雪，中兴业，须人杰"，他走上科学之路，同时，他在党的教育下知道了应该如何发动群众进行科研攻关，并为此终生奋斗，实乃中国一代优秀知识分子的光辉榜样。

第二章 爱国主义的基本要求

　　爱国主义者怀揣着对自己祖国的深厚感情，将祖国的独立富强作为生命的最崇高理想。爱国主义者一生都能积极地为自己的祖国无私奉献，是追求崇高的人生价值的表现。爱国主义对爱国主义者的基本要求是：热爱祖国的疆土，热爱祖国的人民，热爱祖国的文化，热爱自己的国家。做到热爱祖国，矢志不渝；报效国家，从我做起；反对分裂，维护统一；抗御外侮，浴血不惜。

　　爱国主义的基本要求，涵盖了地理、人民、文化和国家四个层面，这四个层面是有机联系在一起的。发扬爱国主义精神，作坚定的爱国者，首先就要正确理解爱国主义的基本要求。

第一节　热爱祖国的疆土

　　祖国，对于中华民族而言，是指56个民族的列祖列宗，经过五千多年的艰苦奋斗，辛勤耕耘，共同开辟并固定下来的疆域——我们脚下这广阔的陆地和与这陆地相连接的海洋，共1300多万平方公里的疆域。我们的祖先生于斯，食于斯，长于斯，在这里世代繁衍生息。五千多年，辛勤劳作，创造并形成各民族共同认知的语言文化，风俗习惯，管理模式，社会体制，道德观念，促进了民族的相互融合。集疆土、民族、经济、文化、国家于一体的这个共同体，就是我们伟大的祖国。毛泽东在《中国革命和中国共产党》一文中，是这样概括我们祖国的伟大形象的："我们中国是世界上最大国家之一……在这个广大的领土之上，有广阔的肥田沃地，给我们以衣食之源；有纵横全国的大小山脉，给我们生长了广大的森林，贮藏了丰富的矿产；有很多的江河湖泽，给我们以舟楫和灌溉之利；有很长的海岸线，给我们以交通海外各民族的方便。从很早的古代起，我们中华民族的祖先就劳动、生息、繁殖在这块广袤的土地之上。"俗话说，"一方水土养一方人"，每个人最初认识和熟悉的环境都是自己故乡的一山一水、一草一木。随着社会阅历的日益丰富，人们不断深化对祖国广阔土地及其风貌的认知，逐渐将对故土的哺育之恩、依恋之情扩大为对祖国的热爱和眷恋。祖国，就是我们生于斯、长于斯的故土家园，就是我们脚下这块世世代代劳动、生息、繁衍、发展的辽阔大地。

热爱祖国的大好河山表现在如何对待我们的土地、江河湖海、森林、矿藏、生物物种资源、自然生态环境等。这些都属于祖国，同时也属于我们，既是我们的爱国情感之源，也是我们的爱国情感所系，都应当热爱，都应当保护。这不仅仅是一个生态伦理、环境保护和可持续发展的问题，也是一个爱国与否的问题。祖国的山山水水养育了我们，正所谓羔羊跪乳、乌鸦反哺，我们更应当有感恩回报的情怀，在利用资源的同时，想着保护；在索取自然的同时，想着回报。我们的先贤素有天人合一的哲学，他们把人视为自然界的一部分，因此很好地处理了人与自然的关系，主张合理适度地利用自然资源，保护环境，也就是保护人类，不能破坏人与自然的和谐。我们的祖先早就告诫我们竭泽而渔、杀鸡取卵的开发方式危害极大。

祖国土地广袤，物产丰富，山水俊美，在为人们提供着丰富的物质资源和精神享受的同时，也激发着人们对于祖国大好河山的无限热爱之情。但是，随着工业化时代的到来，我国出现了严重的问题，如胡乱开发自然资源，先污染后治理、先开发后保护，只顾眼前政绩利益、不计后代持续发展，这导致不少地方的土壤、水源、空气受到污染，森林和湿地遭到破坏，大量的动植物濒临灭绝，一些山清水秀的地方，成了老年人的往昔怀念，青年人儿时的追忆。这些行为，当然不是对祖国大好河山的热爱，而是对祖国大好河山的破坏。从爱国主义的角度、高度思考这个问题，有利于激发人们的环保热情，杜绝和抵制那种为了眼前利益和小团体利益而肆意破坏环境的行为。

我们生存的这片土地和世界上的其他地方一样，并不是十全十美的，也存在着一些不尽如人意之处。如山区面积广大，平原面积有限；旱涝、台风、地震等自然灾害多发，危害也较严重；资源总量虽然丰富，但因人口众多，人均占有的资源量则相对贫乏；人均国土和人均耕地占有量仅相当于世界人均水平的1/3，人均森林占有量仅相当于世界人均水平的1/5，人均矿产资源储量仅相当于世界人均水平的3/5。这些不足之处虽然繁多，却成为激励我们存在忧患与责任意识，促使我们倍加珍惜祖国的山川河流和田野矿藏，更好地保护、开发、完善这片国土，尽可能消除、避免或者减少这些不足之处，协调、平衡人与自然的关系，是使我们的故土家园更加美好的动力。因为我们的国土富饶而赞美她、热爱她，是爱国的表现；因为我们的国土不足而关心她、改善她、建设她，而不是鄙视她、离弃她，更是爱国的重要表现。这种对故土家园、祖国山河的热烈、深沉，且充满责任的爱，就是爱国主义的基本要求。

祖国的疆土是我们民族和国家生存、发展的基本前提。失去疆土，祖国和民族就无立足之地。疆土是国家的独立主权，没有属于自己的土地、山川的国家，当然也算不上一个国家。爱自己的祖国，必然要爱祖国的河山，这就像是我们在蹒跚学步的懵懂儿时，就爱自家的房屋一样，是一种天然的感情。无论这房屋是豪华还是简陋，都同样依恋。无论脚下家乡的土地是肥沃还是贫瘠，是平原还是丘陵，人们总是无法割舍自己对于故土的情感，对故土的守护是果敢的、坚决的。正是由于祖国的疆土和它蕴藏的内在资源，对于祖国和人民无比的重要，加之人民对于土地山川的无限深情，才使得每当国土受到外敌侵犯时，人们都会毫不犹豫地拿起武器，奋不顾身地投入到保家卫国的战斗中，寸土不让。一旦有外族入侵，中华民族一定是地不分南北，人不分民族，也不分党派团体、职业信仰、能力大小，皆会搁置内部纠葛，团结一致对外，与入侵者展开殊死拼杀。正所谓：卧榻之侧，岂容他人鼾睡；自家门庭，哪许盗寇闯入。犹如有谁动了蜂巢，一定遭到拼死攻击，闯入者不撤退，无论是雄蜂还是工蜂，都绝不罢手，哪怕只剩最后一个。就人类本能或自然的情感层面说，人类爱祖国恰似蜜蜂爱巢穴，是不论政治和阶级的。曾经历时八年的抗日战争，就是我们伟大的中华民族的全民战争，不分阶级，不分党派，不分地域，不分民族和信仰，甘愿放弃民族内部矛盾甚至敌对立场，同仇敌忾，不畏流血牺牲，四面八方一拥而上，不把鬼子撕个稀巴烂，赶出中国去，绝不能收兵。在那场救亡图存的战争中，为保卫伟大祖国领土主权，中华民族不惜付出伤亡3500万人、经济损失达5000多亿美元的高昂代价，终于把日本帝国主义赶出了中国。纵有牺牲，在所不惜。我们捍卫了共同的家园，赢得了民族独立和解放，证明了中华民族是有骨气、有尊严的民族，是有能力矗立在世界民族之林、令人不得不刮目相看的民族。

领导和组织这场抵御侵略战争的各党各派政治人物，各部各兵种的军事将领，以及踊跃参与这场战争的各族同胞兄弟，都充分展现了忠于祖国、热爱祖国的热烈情怀和崇高的爱国主义精神。

领土问题是一个主权问题，在这个问题上，没有哪一个主权国家会有半点差池。旧中国由于政治腐败、积贫积弱，受尽了帝国主义列强的欺凌，被迫签订了九百多个丧权辱国条约，割让了数百万平方公里的神圣领土。是共产党带领人民，推翻三座大山，成立新中国，带领中国人民站了起来，领导中国政府废除了清政府签订的许多不平等条约，保证了祖国的领土完整。1997年和1999年，我国又先后按期收回了香港和澳门的主权，捍卫了国家的尊严。在与英国代表就香港回归问题进行谈判时，邓小平代表中国人民明确而坚定地告诉他们：香港要不要回归是一个主权问题，在这个问题上用不着谈判，要谈的只是如何回归的问题。虽然直到现在，我国在领土方面还依然有一些没有得到妥善解决的问题，如台湾由于"台独"分子的破坏，还没有回到祖国的怀抱；边境上还有一些土地和岛屿存在争端。但是对此，中国人民以爱国主义的热情和实际行动，按照党中央的统一指挥，坚决地捍卫了国土的完整和主权的尊严。在这个问题上，我们必须要毫不退让，坚决反对各种各样的卖国言论和行径，时刻保持着清醒的头脑和足够的防范意识。

第二节　热爱祖国的人民

我们的祖国之所以可爱，不仅仅因为她拥有幅员辽阔、物产丰富、山河壮丽的国土，更重要的是她拥有着世世代代生存在这片国土上勤劳、勇敢、善良、智慧的亿万人民。人民是国家的主体和核心，是祖国悠久历史的创造者，祖国物质文明、精神文明的建设者、保卫者。爱人民，是爱祖国的第一要义。人民构成民族，民族构成国家。民族是国家的主体，又是人民与国家的纽带。热爱组成国家的各个民族，也是爱国主义的重要内容。

各族人民是祖国之本，是伟大祖国的创造者，祖国和人民是密不可分的。因此，热爱祖国最根本的是热爱那些创造悠久历史和灿烂文明的各族人民。所以邓小平在1981年出版的《邓小平文集》序言中，情真意切地写道："我荣幸地以中华民族一员的资格，而成为世界公民。我是中国人民的儿子，我深情地爱着我的祖国和人民。"没有人民的祖国是不存在的，离开人民谈爱国也是不切实际、毫无意义的。一切真诚的爱国者都是热爱人民的。鲁迅先生曾经说过，我国自古以来，就有埋头苦干的人，拼命硬干的人，为民请命的人，舍身求法的人，他们不愧为"民族的脊梁"。古人尚能如此，当今时代的爱国者就更应当热爱人民，"横眉冷对千夫指，俯首甘为孺子牛"，为祖国、为人民鞠躬尽瘁，死而后已，是非常值得的事情。

爱自己的骨肉同胞，其实就是爱我国各民族的人民。我国是一个多民族的国家，中华民族是一个多民族的统一体。

五十六个民族是平等的，共同生活在一个祖国大家庭里。汉族作为人数最多的一个民族，其本身也是在漫长的发展过程中，由许多民族融和而成的。在当代中国，热爱自己的骨肉同胞，就是热爱所有的中国人，热爱整个中华民族大家庭中的所有成员，而不仅仅是只热爱自己所属的那个民族中的人民。中华民族的发展史告诉我们，中华民族具有团结统一的光荣传统，这个传统是我们中华民族内部各民族兄弟之间和睦相处的良好基础。

人类历史上有过许多民族，也产生过许多国家，有些民族融和为新的民族，也有些民族和国家延续至今，还有些民族和国家甚至消亡了。但今天继续存在着的民族和国家，都有一个共同的特点，那就是，一个民族和国家内部紧密团结，把同民族和同国家的人视为自己的骨肉同胞，互相帮助、互相爱护，同呼吸、共命运，特别是当面对外来威胁时，同仇敌忾，一致对外。这是血浓于水的真情实感而形成的爱国主义，是爱国主义铸就天成的强大凝聚力和向心力。中华民族有五千多年的悠久历史，至今仍历久弥新，让我们无比自豪、自尊、自信。正是因为爱国主义的强大凝聚力，才使得我们56个民族团结一致，奋勇向前。

爱自己的骨肉同胞，也爱世界各民族的人民，这是爱国主义国家的责任和义务，爱国主义者也应当是国际主义者。强调热爱自己的国家和人民，并不等于反对与其他国家和人民发展友好关系。改革开放以后，我国公民与外国人之间的交往越来越多，有许多人同外国友人结交，并且在彼此之间产生了深厚的友情。但是，无论这种友情有多么深厚，对于一个有强烈的爱国之心的人来说，是丝毫不会影响他对祖国和人民的热爱的，更不可能用国际友情来替代对祖国和人民的亲情。因为这是两种不同的感情，它们可以并行不悖，但是不能相互取代。每个国家的人民都首先会热爱自己的国家和自己的骨肉同胞，然后再发展与其他国家和人民之间的友好关系，这是无可厚非的，并不是什么狭隘的民族主义。在当今世界上，没有哪一个国家不首先捍卫自己国家的利益，没有哪一个国家的人民不首先爱护自己的同胞。越是所谓的发达国家往往越是如此。虽然随着交通和信息技术的发展和普及，地球变得越来越小，甚至成为"地球村"，各民族之间的往来、特别是个人跨国界的走动也越来越频繁，但人类还远没有达到国家和民族层面上的"先人后己"。

作为一个特定国家的公民，对其同胞是否热爱及热爱的程度，依然是判断其是否爱国的一个基本标准。新中国刚刚建立，"中国人民站立起来了"，在这无比豪迈、振聋发聩的声音响彻苍穹的时刻，一大批在外国也能受到尊重、风光萦绕的中华儿女，如李四光、钱学森、钱三强、华罗庚、邓稼先、王大珩等人，毅然冲破阻挠，历尽艰辛，回到了一穷二白、满目疮痍的祖国，并为祖国作出了巨大贡献。而这一切，就是对祖国、对骨肉同胞爱的使然。只有那些爱国者才会受到本国人民的尊敬，同时也赢得外国人民的尊敬。相反，那些只会崇洋媚外，相信外国的月亮比本国的圆，见到国人都不屑，见到外国人都谄媚的人，不仅会遭到本国人民的唾弃，也会为稍有正义感的外国人所不齿。

第三节　热爱祖国的文化

广义的文化是指在社会历史发展的过程中所创造的物质财富和精神财富的总和；狭义的文化特指精神财富，如文学、艺术、教育、科学等。文化传统作为一个民族群体意识的载体，常常被称为国家和民族的烙印，是一个民族得以延续的"精神基因"，是培养民族心理、民族个性、民族精神的"摇篮"，是民族凝聚力的重要基础。人类社会经过极其漫长的演化，在世界的不同地域，孕育出了不同的民族及其文化。当今世界的每一个人，都隶属于某种文化，从出生起就印上了其本民族文化的"胎记"。无论他是否在国内长大，是否接受了本民族的文化教育，他都依然具有本民族的心理、个性和特质。因此，爱国必定要爱自己的文化，文化已经与国家、民族、个人紧密联系在一起，不可分割。爱国主义情感就表现为对自己祖国的灿烂文明的热爱，这也是各国人民共同的情感。法国小说家都德的爱国主义名作《最后一课》，就描写了法国人对祖国灿烂文化（语言文字）的热爱，以及对失去祖国语言权利的悲伤。小说中的教师韩麦尔先生在给孩子们上最后一堂法语课时，也没有忘记对学生们进行热爱祖国和祖国文化（包括祖国语言）的教育。他告诉孩子们，法语是世界上最美的语言，"亡了国当了奴隶的人民，只要牢牢记住他们的语言，就好像拿着一把打开监狱大门的钥匙"。世界各国的文化，都是人类文明的重要组成部分，都对人类文明的发展作出了自己的贡献，都在不同的历史时期书写了各自最光辉灿烂的一页。

中华民族是一个具有五千年历史文明的伟大民族，在五千年的历史长河中，勤劳智慧的中国人民，不仅创造了丰厚的物质财富，也创造了灿烂的古代文化。作为世界四大文明古国之一的中国，她用璀璨的文化，时刻影响着世界人类的文明和进步，创造了许多辉映万古的灿烂业绩。我国古代文化璀璨夺目，光彩照人：商代的青铜文化和世界上最早的日食、月食记录；春秋时期关于哈雷彗星的世界最早记载；战国时期产生的世界首部天文学著作《甘石星经》；被誉为"世界第八大奇迹"的秦始皇陵兵马俑；比西方早500年提出的勾股定理特例；比西方早800年问世的药典《唐本草》；早在2000多年前就发明了造纸术；在1300多年前发明了雕版印刷术；在1100多年前发明了火药造炮技术等。这一切都是世界科技史上的珍奇，其中四大发明更是使我国成为四大文明古国之一的重要标志，它的传播对西方文明的发展产生了重大而根本的影响。据有关资料统计：在世界科学成就中，从公元前6世纪到公元1500年止，世界最重要的发明创造有54项，其中中国就占了31项。而在由英国人李约瑟主编的《中国科学技术史》写道，早在16世纪以前，中国人仅在科学技术方面领先于世界的发明就有一百余项，从而证实了中华民族历史文明的伟大成就。

我国古代科学家，灿若群星，令世人瞩目。东汉科学家张衡，创造出世界上最早利用水力转动的浑天仪和测定地震方位的地动仪，它比欧洲出现的第一台地动仪要早1700多年。张衡还是世界上首次正确地解释了月食成因的人。南朝科学家祖冲之，推算出圆周率π的值在3.1415926和3.1415927之间，成为世界上第一个把圆周率的数值准确到小数点后七位数字的科学家。唐代的天文学家僧一行是世界上测量子午线长度的第一个人。元朝科学家郭守敬和王恂、许衡等科学家共同编制了《授时历》。该历同现行公历即1582年提出的格列高利历一年的周期相同，然而比后者的确立早300年。李时珍是明代杰出的医药学家，经过27年的艰苦劳动，终于著成世界上内容最丰富、考订最详细的药物学著作《本草纲目》。正是我国古代科学家作出了卓绝的贡献，才使得我国的传统科技直到明朝时一直处于世界领先的地位。

中华民族优秀的传统文化，内容丰富，博大精深，就其实质内涵而言，总体上可概括为五个方面：（一）注重整体精神，强调为社会、为民族、为国家的爱国主义思想；（二）推崇仁爱原则，倡导厚德载物与人际和谐；（三）重视人生观，强调个人在家庭人伦及社会关系中的作用；（四）追求精神境界，向往理想人格；（五）重视修养践履，强调道德主体的能动作用。中国传统文化是中华民族自古代社会以来形成和发展起来的比较稳定的文化形态，是中华民族智慧的结晶，是民族历史遗产在现实生活中的展现。这个思想体系蕴涵着丰富的文化精神，主要表现在四个方面：一是修心之学，力主自强不息，舍生取义，礼义廉耻，诚信笃志等；二是凝聚之学，中国传统文化是内部凝聚力的文化，这种文化的基本精神是注重和谐，把个人与他人、个人与群体、个人与自然有机地结合起来，形成一种文化关系；三是兼容之学，中华传统文化并不是一个封闭的系统，它在中国古代对外交往受到限制的条件下，还是以开放的姿态实现了对外来文化的兼容；四是经世致用之学，文化的本质是促进自然、社会的进步，中国传统文化突出儒家经世致用的学风，落脚点是修身、齐家、治国、平天下，力求在现实社会中实现其价值。经世致用是文化科学的基本精神。

对于年轻人来说，认同并热爱本民族的文化，需要深入地了解本国的历史。文化的演进与历史的发展，总的来看是同步的，文化的演进本身也是一个历史过程。我国传统文化与我国历史紧密联系在一起，互相影响，互相渗透。一方面，历史塑造了文化，历史本身也成为文化的一部分；另一方面，文化塑造着人们的观念和思维方式，引导着人们的行动，从而也影响了历史。只有深刻地了解中国历史，才能深刻地了解中国文化；只有深刻地了解中国文化，才能认同并热爱中国文化。当然，了解历史的重要意义还不仅仅限于通过它来了解中国文化，历史本身就是一部很好的爱国主义教材，它对于弘扬爱国主义具有多方面的功能和意义。爱国主义深深地扎根于我们民族的历史之中，特别是中国近代史所表现的悲壮历程，更使它具有震撼人心的爱国主义力量。在现实生活中，人们或许会背井离乡，或许会彼此隔绝，但对祖国灿烂文化和历史传统的认同，总会把人们的心连在一起。热爱祖国的灿烂文化，就应该认真学习和真正了解祖国的历史，深入了解祖国优良的历史文化传统。古人说"读史使人明智"，不了解历史，对祖国的热爱就无从谈起，更谈不上对祖国灿烂文化的热爱。

讲到热爱祖国的文化，还有一个具有时代特色的话题，那就是如何打造我国文化软实力。在当今国际间激烈的竞争中，文化越来越成为一种重要的力量，被人们称为"软实力"。它是一个国家综合实力的重要组成部分。各个国家都在挖掘自己民族的文化资源，打文化牌，以此来提高本国在经济社会发展等其他方面的竞争力。我国是一个文化大国，在这方面具有得天独厚的优势。现在的问题是如何把我国建设成为一个文化强国，即如何充分利用传统的，以及现在的文化资源，发展民族的、科学的、大众的先进文化，进一步增强我国文化在世界范围内的影响力，大力发展文化产业，打造国际知名的文化品牌。因此，今天讲热爱祖国的灿烂文化，就不能不关注文化软实力的问题，青年学生则更应该充分利用自己的优势，在这一方面作出自己的贡献。

博大精深的中华文化，在其源远流长的历史中，充满了辉煌与苦难、成就与挫折。这一切，不仅深刻地联系着每个中华民族儿女的心，决定着他们的思想感情，也影响着众多其他外国民族史和异域文化的发展进程（公元 7 世纪日本的"大化革新"便是一个典型）。因此可以说，中华文化既是海内外中国各族人民的精神支柱和文化基础，也是历史、现代和未来人类共同的宝贵财富。中华文明蜿蜒奔腾了五千年，当她进入第六个千年之际时，人们在回顾，在反思，在警醒。要让她更加繁荣，更加勃发，为这个越来越多元化的世界作出新的贡献，是我们每个华夏民族成员不可推卸的历史责任。

第四节　热爱自己的国家

在谈论爱国主义时，有不少人常常把祖国与国家当作相同的概念使用。实际上，这是两个既有联系又有区别的概念。"祖国"是指居住在一定疆域内的单个或多个民族的人民在长期的共同生活、劳动和物质文化交往中形成的社会共同体，主要包括国土、国民等基本要素，它凸显的是民族性和自然属性。"国家"则指在阶级社会中占统治地位的阶级基于本阶级的利益和需要，为了维护社会共同体的秩序、安全、主权和稳定而建立的政治共同体，主要由立法机关、行政机关和司法、军事、警察机关等强力政治机构组成，它凸显的是政治性和阶级属性。因此，我们不能把祖国和国家这两个概念混为一谈，既不能把爱国家当作爱祖国的全部内容，而忽视对故土和人民的热爱，也不能只讲对国土和人民的爱，而不讲对国家的爱。

爱祖国就要爱国家，其理由在于国家所具有的特殊职能。在阶级存在的社会中，国家作为一种阶级统治的工具，其主要职能之一就是把阶级矛盾和冲突控制在统治阶级所需要的秩序和稳定的范围内，给人们的生产、生活提供必需的社会政治环境，否则这个社会一天也难以生存下去。国家在行使统治阶级统治工具职能的同时，还必须行使组织社会生产和生活、维护社会公共利益的社会管理职能，包括对本国的自然环境和资源、生产技术设备、历史文化遗产等涉及国计民生的物质和精神财富，尽可能予以开发、利用和保护，并组织国民抵御来自内部的自然灾害、暴力行为和来自外部的外族入侵的破坏、挑战。国家所具有的这种管理社会经济、文化，维护国家主权的职能是必不可少的，并且与本国人民的利益休戚相关。国家稳定、发达、团结、兴旺，生活于其中的民族、家庭、个人就会安居乐业、幸福健康；国家动乱、分裂、衰败、危亡，人民就会颠沛流离、民不聊生。爱国家是社会政治稳定和统一的需要，是社会经济文化生活健康发展、人民生活幸福的需要，也是维护国家主权与独立的需要。因此许多国家都把热爱自己的国家作为爱国主义的必然政治要求写入宪法。我国宪法就明确规定："中华人民共和国公民有维护祖国的安全、荣誉和利益的义务，不得有危害祖国的安全、荣誉和利益的行为"；"保卫祖国、抵抗侵略是中华人民共和国每一个公民的神圣职责"。

爱国家，既是爱国主义的基本要求，又是重要的政治原则。舍此，则所秉持的爱国主义，将会成为空话，甚至有走向反面的危险。这就要求我们必须引起高度重视。爱国家，是爱你置身于并借以生存、成长、发展的国土，是爱你能够充分展现实力的舞台。国家的稳定强盛，是你获得物资与精神需要满足的源泉。国不强，民受辱；国不稳，民受苦。无论是常住国内，还是侨居在外，都会与祖国的命运紧紧相连。

爱国家，首先要爱所在国家的制度。国家总是特定的、具体的，而不是抽象的，它不可能脱离一定的社会制度而存在。国家之所以称其为国家，最根本的原因就是要建立维护阶级统治的制度。国家有两个最基本的要素：国体和政体。所谓国体，就是指国家的性质，即社会上哪个阶级占据经济的统治地位，从而对其他阶级实行专政；所谓政体，就是指国家的政权组织形式，即通过什么方式来实现阶级统治。马克思主义根据国家的阶级属性，即国体，把国家分为四种类型：奴隶制国家、封建制国家、资本主义国家和社会主义国家。历史上的任何国家都表现为一定制度的国家，一个国家在其历史发展的不同阶段也可以表现为不同的制度类型，因此人们所看到的要么是奴隶制国家，要么是封建制国家，要么是资本主义国家，要么是社会主义国家，而绝不存在抽象的、不依赖于任何制度的国家。抽象的国家只能作为概念而存在，就像抽象的人只能作为概念而存在一样。因为现实中的人都是具体的，要么是男人，要么是女人，要么是孩童，要么是成人，要么是此国人，要么是彼国人。既然国家是特定的、具体的，是与一定的社会制度联系在一起的，那么爱国也就必然表现为爱特定的、具体的、与特定社会制度相联系的国家。爱国的内容以至基本要求，只能由历史条件来决定，无法超越，也不能超越。

在当代中国，爱国主义和爱社会主义，在本质上是统一的。在岳飞、文天祥的那个时代，他们爱的只能是南宋王朝统治下的封建制中国。而今天我们爱的只能是社会主义的中国。因此，在我国现阶段讲爱国，就必然要爱社会主义的中国，而不可能是历史上奴隶制的中国，封建制的中国，或是半殖民地半封建的中国，也更不可能是什么抽象的中国，因为中国在现阶段就表现为社会主义的中国。

社会主义社会是共产主义社会的第一阶段，是阶级虽然存在、但阶级矛盾越来越趋向缓和并最终使阶级走向消亡的阶段，因此社会主义国家是人类历史上最后的一种国家形态。我国是社会主义国家，实行的是以工农联盟为基础的、人民民主专政的社会主义制度，剥削阶级已经不存在，社会矛盾大量地表现为人民内部的矛盾，因此在较大程度上实现了阶级性与人民性的统一，这就使得我国现阶段的爱国主义具有了较之以前更为广泛的基础，在其性质、立场、要求、内涵等方面也更具一致性。

同爱社会主义相联系，爱国主义还表现为热爱中国共产党。由于中国共产党领导人民夺取了国家的政权，党在建国后就成为执政党。我国的社会主义制度、人民民主专政的政权，与中国共产党的领导是高度统一在一起的，是不可分割的。邓小平曾经指出，在"四个坚持"中，核心是坚持党的领导。在今天，我们讲爱国就是要爱社会主义祖国，拥护中国共产党的领导，把个人的理想和事业融汇于祖国社会主义现代化建设的伟大事业中。实践已经证明，中国革命的成功和社会主义建设成就的取得，都离不开中国共产党的领导。中国共产党在争取民族独立、维护国家主权的斗争中，作出了巨大的牺牲，作出了最大的贡献，赢得了全国各族人民的衷心爱戴和拥护。实践还证明，中国共产党人，是最坚定、最彻底的爱国者。中国共产党的爱国主义，是中华民族、中国人民爱国主义的最高典范。

爱国主义是历史的、具体的，在不同的历史时代和文化背景下所产生的爱国主义，总是具有不同的内涵。爱国主义的丰富性和生命力，正是通过它的历史性和具体性来表现的。爱国主义是一个历史范畴，在社会发展的不同阶段、不同时期各有不同的具体内容。在我国新民主主义革命时期，爱国主义主要表现在为致力于推翻帝国主义、封建主义和官僚资本主义的反动统治，把黑暗的旧中国改造成为光明的新中国。在现阶段，爱国主义主要表现在献身于建设和保卫社会主义现代化事业中，献身于促进祖国统一的事业中。爱国主义随着国家的产生而产生、发展而发展。在未来的共产主义社会里，在世界上的国家消亡后，爱国主义就会失去存在的条件和意义。在阶级社会中，不同的阶级对待祖国的感情，既有一致的方面，也有差异的方面，甚至有对立的方面，这是阶级性的反映。爱国主义是对整个民族大家庭的热爱，要以实际行动维护中华民族的大团结，当外敌入侵、国家民族面临亡国灭种威胁的时候，中华民族大家庭必须团结一致、共同对外。爱国主义的这些特点，要求我们以历史唯物主义的态度，去认识历史发展过程中的爱国主义，将其放到历史发展的链条中，依据当时的具体条件去进行评价，尊重历史，不苛求古人，既充分肯定历史上的爱国人物、爱国情感、爱国思想和爱国行为，又看到这些人物、情感、思想和行为的历史局限性，从爱国主义的具体形式中升华出爱国主义的普遍情怀。

延伸阅读

钱学森的赤诚中国心

钱学森作为"两弹一星"的功臣受到国家表彰，然而在荣誉面前他是这样说的："说是表彰我对'中国火箭导弹技术、航天技术和系统工程论'方面所做的一切工作。我想这里面'中国'两个字是最重要的。因为这是中国人的集体成果。这说明中国人并不笨，外国人能干的，我们不但能干，而且能干得更好。至于我个人，只是尽力做了一点应该做的工作，那是很有限的。"

钱学森早年在美国生活，在取得了辉煌的成就和崇高的声誉的同时也得到了十分丰厚的生活待遇和得心应手的科研条件。然而，正如法国科学家巴斯德所说，科学无国界，但科学家是属于祖国的。钱学森也一样，他对祖国魂牵梦绕，在新中国成立后思念之情与日俱增。

后来，钱学森回忆道："我从1935年去美国，1955年回国，在美国待了20年。20年中，前三四年是学习，后十几年是工作，所有这一切都是在作准备，为了回到祖国后能为人民做点事。我在美国那么长时间，从来没想过这辈子要在那里待下去。"

为了回到解放了的祖国，钱学森历尽了千难万险，经受了五年多的折磨。

不幸的是，钱学森决心回国时，受到了臭名昭著的麦卡锡主义的迫害。美国军事当局也吊销了他参与机密研究的证件。

1950年7月，钱学森忍无可忍，到华盛顿找主管他的研究工作的美国军次长丹尼尔·金波尔，正式提出回国的要求。因为当时正值朝鲜战争，中美正处于敌对态势，金波尔对钱学森归国的要求既震惊又害怕，"我宁可把这家伙枪毙了，也不让他离开美国。无论在哪里，他都抵得上五个师"。

8月23日午夜，钱学森一家回到洛杉矶。此时，他已辞去了加州理工学院超音速实验室主任和古根海姆喷气推进研究中心负责人的职务，买好了飞机票，准备搭乘加拿大航班离开美国。然而，他一下飞机，便接到了联邦移民局的通知：不准离开美国。当局还以判刑和罚款恐吓钱学森。与此同时，他的行李和书籍、笔记本已装箱准备由"威尔逊总统"号客轮转送香港回国。但是，已装上驳船的行李受到了非礼搜查，800公斤的书籍和笔记本被扣押，硬说他企图运送机密科研材料回国，还诬陷他是"共产党的间谍"。他的家和工作室也被搜查。从此，钱学森受到了联邦调查局的监视。

9月9日，钱学森被逮捕，关押在特米那岛上达半个月之久。关押期间，看守人员为了折磨他，晚上每隔10分钟便跑进室内开亮一次电灯，使他整夜无法入睡。

他的导师冯·卡门当时远在欧洲，当得悉情况后，立即与加州理工学院的许多师生向移民当局提出了强烈抗议。为了营救钱学森，他们还募集了1.5万美元的保释金，杜布里奇院长还亲往华盛顿要求释放。在师友的全力帮助下钱学森终于被释放。但他的身心受到了很大伤害，体重下降了30磅。释放后的钱学森，实际上继续受到监视。他含愤过了整整五年变相的软禁生活。联邦调查局时常闯入他的住宅捣乱，检查他的私人信件和电话等。

无论是金钱、地位、美誉和舒适的生活，还是威胁、恫吓、歧视和折磨，都销蚀不掉钱学森回归祖国献身人民革命事业的心志。那几年，他们全家饱受惊吓，为此经常搬家。据他的夫人蒋英回忆说："我们总是在身边放好了三只轻便箱子，天天准备随时获准搭机回国。"

借助中美大使级会谈，周总理嘱托我国驻美大使王炳南，让其在会上代表我国政府揭露美国当局在违背本人意愿的情况下监禁中国公民钱学森以阻挠他回国的卑劣行为。美方不得已，才被迫于1955年8月4日准许他离开美国。冯·卡门得知钱学森回国的消息，深表惋惜地说："无论如何，美国实际上并无站得住脚的理由，就把美国火箭技术领域最伟大的天才、最出色的火箭专家奉送给了红色中国！"

20世纪90年代中期，面对着大学生中的出国潮，钱学森是这样看的：

"人才外流问题不要怕，以后会有变化。我相信，我们送出去的留学生，再过几年，学成回国，为祖国效劳，是毫无问题的。因为他们会看到中国的前途。我看他们都会回来的。因为他们也就是钱学森嘛。钱学森也就是会回来的嘛！"

钱学森是一个深爱祖国母亲的赤子。他对生他养他的国家有一种痴情。他最不屑于听别人说中国如何不好。有段时间，有些人以数典忘祖为时髦，对国人妄自菲薄，看不起自己的国家，看衰国家前途，甚至谩骂中国历史，丑化中华民族。钱学森听了非常难过，非常气愤。"不要认为美国人这样行那样行。"他激动地说，"其实中国人比美国人更聪明，是拼命干的，特别是艰苦奋斗。"

钱学森说："我们从前在美国老气美国人：中国人就是比你们聪明，不信咱们比试比试。当时中国留学生在国外声誉很高。最近的不少事实也证明，我们到国外深造的许多学生，都获得了很优异的成绩。"

钱学森从来不因为祖国贫弱而嫌弃祖国、背离祖国，而是顶住各方面压力，毅然将自己的爱国之情、爱国之心、报国之志化作效国之行，回到祖国怀抱，投身到改革开放的建设中，是一个真正的爱国者。

正是钱学森心中那报效祖国、为国家奉献一切的不可磨灭的崇高信念支撑他走到最后，所以我们青少年也应当从小树立坚定的爱国信念，将来才能为国家和人民作出巨大的成就和贡献。

第三章　爱国主义的优良传统

　　爱国主义作为民族精神的核心，像一颗璀璨的明珠始终闪耀在五千年中华文明的历史长河中。一部中华民族史，也正是一部爱国主义发展史。不同时期，不同人物的爱国行为表现不同，但彼此交相辉映，呈现出丰富的内涵和动人的魅力。

　　翻开世界文明史，曾几何时，被称为四大文明古国之一的古巴比伦早在公元前1595年被赫梯所灭；古埃及也在公元前525年被波斯帝国所亡；古印度长期处于四分五裂的状态，北部遭到外族入侵，近代又沦为英国的殖民地达190多年。在四大文明古国中，只有中华文明未曾中断，经久不息，持续至今，仍然具有无比的生命力。德国伟大的哲学家黑格尔赞誉称："只有黄河、长江流过的那个中华帝国是世界上唯一持久的国家。"究其根源，就是由于爱国主义的优良传统一直深深地扎根在中华民族的意识之中。爱国主义是动员和凝聚中华民族团结奋斗的光辉旗帜，是推动中华民族历史前进的强大动力，是中华民族勇往直前的共同精神支柱。

中华民族的爱国主义传统和中华民族的历史一样悠久。一部中华民族的发展史，就是一部爱国主义的奋斗史。按照中国历史发展进程，中华民族的爱国主义可以划分为三种类型：古代的爱国主义、近现代的爱国主义和当代的爱国主义。

我国古代的爱国主义，即中华民族自古至1840年鸦片战争以前的爱国主义传统。它主要表现为：缔造、维护和捍卫祖国的统一及民族的团结；反抗阶级压迫、民族压迫和外敌入侵，维护国家主权和民族独立；开发祖国河山，创造灿烂的中华文明。

从1840年鸦片战争开始，西方列强的侵略使中国一步一步沦为半殖民地半封建社会，中国人民受着帝国主义和封建主义的双重压迫，中华民族几千年的爱国主义精神至此转入近代阶段。中华民族近现代的爱国主义优良传统主要表现为：反对帝国主义侵略，维护民族独立和国家主权；反对封建主义压迫，推翻腐败的封建专制制度。中华民族在长期的历史发展过程中，形成了强烈的反抗民族压迫、反对外来侵略的爱国主义传统。20世纪，中华民族进行了历史上规模空前的抵抗外国侵略的抗日战争。中国经历了整整八年的艰苦奋战，付出了巨大的民族牺牲，终于取得了战争的胜利。正是在这保卫祖国领土的斗争中，中华民族形成了万众一心、同仇敌忾的民族气节；形成了自强不息、顽强不屈的战斗精神。正像江泽民所概括的："我国人民从不屈从于任何外力，为了救亡图存，推翻三座大山，进行过不屈不挠、前仆后继的斗争，涌现出许多永垂史册的志士仁人和英雄豪杰。一部中国近现代史，就是一部中国人民爱国主义的斗争史、创业史。"

1949年新中国诞生之后，中华民族的爱国主义进入了一个崭新的历史阶段，其主要特征是：在中国共产党的领导下，实现了爱国主义和社会主义的统一，开创了建设中国特色社会主义的伟大事业，为实现中华民族的伟大复兴而奋斗。面对新的世纪，中华民族从来没有像今天这样扬眉吐气、豪情满怀。经过新中国60多年特别是改革开放30多年来的奋斗，我国综合国力空前提高，人民生活水平显著改善，香港澳门先后回归。新中国正迈开巨人的步伐阔步奔向美好的未来。

中华民族的爱国主义精神在不同历史阶段有着不同的时代特点，又有着共同的、基本的内容：热爱和开发祖国山河，世代相承地发展祖国的物质文明和精神文明，为人类文明的发展作出贡献；反对民族和国家分裂，始终把维护民族团结和祖国统一作为各族人民的最高利益和神圣职责；实行民族平等、和睦，反对民族压迫，不畏强暴，誓死捍卫祖国领土完整和主权独立，坚决反抗外国侵略；向一切阻碍历史发展和进步的反动阶级与社会恶势力进行英勇斗争，推动祖国不断前进。古往今来，这些中华民族代代相传、经世不衰的爱国主义优良传统，一直激励着中国人民为祖国的统一、发展和强大而努力奋斗，成为凝聚国家和民族、推动历史前进发展的强大的精神力量和宝贵的精神财富。

第一节　热爱祖国、矢志不移

中国传统文化历史悠久，中华大地自古人杰地灵。在近代，刻骨铭心的爱国之情，矢志不渝的报国之志，生死不移的爱国之行，写满了中华民族的光辉史册。为证清白投河自尽的屈原，誓死不降匈奴的苏武，位卑未敢忘忧国的陆游，"苟利国家生死以，岂因祸福避趋之"的林则徐，"人生自古谁无死，留取丹心照汗青"的文天祥等爱国志士，舍生取义，忠诚报国，以实际行动兑现了自己的人生誓言，名垂青史，被历代人讴歌赞誉。还有抗日战争中，面对日本帝国主义的威逼利诱毫不妥协的英雄们，再到近代毛泽东、周恩来等为了国家人民的幸福贡献一生的伟大领袖们。他们在中国这块用鲜血染红的土地上，用他们英勇动人的事迹，以及成千上万中华儿女所表现出的英雄气概和大义凛然的民族气节，谱写了一首首中华民族的伟大诗篇……

抗日战争期间，侨居东南亚的华侨有十万余人，皆请缨回国参战，不少人在沙场上为国捐躯。就在抗日大军后方道路被日军切断、战备物资无法输送的紧要关头，以爱国侨领陈嘉庚为首的广大华侨同胞，排除万难，开通了缅甸到云南的公路，并组织3000多名志愿司机和机修人员，向前线运送战略物资，为抗战胜利作出了重大贡献。

中国共产党的优秀党员、革命烈士方志敏，在敌人的牢房里写成了不朽名著《可爱的中国》，为我们阐释了其热爱祖国、矢志不渝的高尚情怀。他的《可爱的中国》，是一部不朽的著作，那火花四溅的感染力，搅动魂魄的撞击力，让人每一次读来都会受到新的启迪。他用看似直白的语言，深邃地解读着爱国、责任、革命、理想、人生、爱憎等大课题，写下了一本永远读不尽的书。这里摘录一段，对激励我们投入中华民族的伟大复兴事业，一定会大有裨益。

　　"我们可爱的中国本是'一个天姿玉质的美人'。""看呀！看呀！那名叫'帝国主义'的恶魔的面貌是多么难看呀！""这些恶魔那样的狞恶可怕！满脸满身都是毛，好像他们并不是人。""他们'伸出口外的獠牙，发出可怕的白光'，他们的手，不是手，'而是僵硬硬的铁爪！'一、二、三、四、五，五个可怕的恶魔。（指美、英、法、意、德）""那几个戴着粉白的假面具的恶魔。""他们将母亲搂住呢！用他们的血口去亲她的嘴，她的脸，用他们的铁爪，去抓破她的乳头，她可爱的肥肤！""他们伏在母亲的胸前，用一支支金管子，刺进母亲的心口，拼命地吸母亲的血液！母亲多痛啊，痛得嘴唇都成白色了。""那矮矮的恶魔，拿出一把屠刀来，居然向我们的母亲的左肩上砍下去！母亲的左臂，连着耳朵到颈，直到胸膛，都被砍下来了！""五分之一那么一大块！""那矮矮的恶魔怎么那样的凶恶，竟将母亲那么一大块身体，就一口吞下去！那个恶魔还虎视眈眈！还想把我们的母亲整个吞下去？！""缺了五分之一的身体？美丽的母亲，变成一个血迹模糊肢体残缺的人了"……方志敏形象而深刻地刻画出了列强侵略中国的罪行，揭露了日本帝国主义占领东北，侵入华北，觊觎全中国的狼子野心。他称日本帝国主义是"强盗中的强盗"，"恶魔中的恶魔"，今天再读更觉深刻。

新中国刚刚建立之初，国家一穷二白，几成废墟，尚存的硬通货、金银细软、国宝古玩早就被蒋介石盗往台湾。出国多年的人，根本弄不懂新中国是个啥样子。可是一听到祖国独立的消息，一批又一批的海外学子，仍旧不顾阻挠和高工薪挽留，纷纷归国。而这，就是爱国主义的巨大力量。钱学森、钱三强、邓稼先、朱光亚、王大珩等世界一流的科学家，回国仅仅十几年，就把原子弹、氢弹、导弹和卫星送上天；李四光指导下的油田开发，击破了洋人的中国贫油论，找到了一个又一个的大油田；也就是十几年，汽车、拖拉机、飞机、万吨巨轮、20万吨水压机、大型机床还有水轮机，一个又一个的现代化设备与武器被制造出来了。他们的功劳那么大，但在国家表彰他们的时候，钱学森的获奖感言却是，"原子弹、导弹、控制论，还是'中国'最重要"，这就是爱国主义的力量；王进喜那"就是少活二十年，也要拿下大油桶"的铮铮誓言犹在耳边，"顶风冒雪竖井架，只身跳进水泥塘"的英雄壮举也犹在眼前；还有雷锋"生命是有限的，为人民服务是无限的"、"甘当祖国螺丝钉"的精神更是感染着亿万人的心。

当代的中华儿女，也应以英雄们为榜样，做顶天立地的男儿，担时代之大任，做民族之脊梁，立报国之志，行爱国之举，在中国特色社会主义建设的事业中建立功勋。

第二节　天下兴亡、匹夫有责

爱国主义是在一定的社会历史条件下发生、发展起来的，是由人们与祖国的利益关系所决定的。人们生活在一定的国度里，个人的命运与祖国的命运紧紧地联系在一起，个人的生存依赖于祖国的生存，个人的发展依赖于祖国的发展，个人的地位取决于国家的地位。祖国兴则国民荣，祖国辱则国民耻，这是历史的经验。清初大儒顾炎武在《日知录·正始》中说"保天下者，夫之，与有责焉耳己"，意思是：保卫天下，就算没有任何地位的平民百姓，也有参与的责任。顾炎武是明清之际著名的思想家、文学家，他青年时代参加过"复社"，批判社会的不公现象。清兵入关后，他积极参与抗清斗争。他认为每个人都应以国家大事为己任，也就是后来更加简练而通行的格言——天下兴亡，匹夫有责。

范仲淹一生曾被贬三次，但是他却誓死不放弃自己的信念，敢于直言相谏。欧阳修对范仲淹的称赞有加，称其道"公少有大节，于富贵贫贱、毁誉欢戚，不一动其心，而慨然有志于天下。常自诵曰'士当先天下之忧而忧，后天下之乐而乐也'。"这些爱国志士，无论他们处于什么样的环境中，都能心系国家、心忧天下，关心国家的命运和民生的疾苦，自己的思想情感能够不为个人的得失而动，不为环境的好坏而有所改变，自觉地将个人的命运与国家的兴衰联系在一起。

1949年，伟大的新中国诞生了。中国人民以自己的"脑力与兵力"治理中国，保卫中国，建设中国。从20世纪50年代的"自力更生、勤俭建国"和"抗美援朝、保家卫国"，到80年代"改革开放"、"振兴中华"和90年代以来的全面建设中国特色社会主义，都取得了伟大的胜利。毋庸置疑，爱国主义的凝聚力、推动力、感召力是其中极为重要的原因。还有在祖国遭遇的几次特大自然灾害时的抗灾斗争中，爱国主义的精神也再一次得到了充分的体现。

北京时间2008年5月12日14时28分，发生在四川省阿坝藏族羌族自治州汶川县境内的汶川大地震，再一次考验了中华民族的爱国热情。而中华民族也把承载着凝聚力和号召力的、代表了民族团结奋斗旗帜的、推动了社会历史进步力量的、各民族共同精神支柱的爱国主义情感，发挥展现到了极致。此次地震破坏的地区超过10万平方公里，波及大半个中国及多个亚洲国家：北至北京，东至上海，南至香港、泰国、越南，西至巴基斯坦。

截至2009年5月25日10时，共有69 227人遇难，374 643人受伤，17 923人失踪，直接经济损失达8 451亿元。这次地震，是中华人民共和国自建国以来影响最大的一次地震。地震发生后，中华民族万众一心，迅速投入到了拯国难，救同胞，震天地，惊四海，泣鬼神的抗震救灾战场。其速度之快、人员之多、规模之大，令人刮目。他们英勇无畏、披荆斩棘，绝不放弃救出每一个同胞的机会，只要有百分之一的希望，就要做到百分之百的努力。这样的爱国主义激情和行动，赢得了抗震救灾的胜利，也赢得了世界的钦佩和赞誉。

国家兴盛或衰亡，每个人都有责任。青少年应以天下为己任，无论身居何位，都要心忧天下，关心国家的命运和民生的苦乐，自觉地把个人的前途与国家的兴衰联系起来，把爱国的思想付诸实际行动。青年是国家的未来和希望，理应时刻关注国家大事，关注祖国的命运与前途，而不能"两耳不闻窗外事，一心只读圣贤书"。青少年应真正践行"风声，雨声，读书声，声声入耳；家事，国事，天下事，事事关心"，把实现中华民族伟大复兴的美好憧憬转化为自己学习奋斗的动力，"为中华之崛起而读书"！

第三节　维护统一、反对分裂

中华民族是一个多民族的统一体，各民族团结和睦，始终是各族人民的共同愿望和神圣职责。维护祖国统一和民族团结，也始终是各族人民的最高利益所在。

在中国历史上，尽管发生过民族之间的战争，也出现过分裂和内乱，但是，促进民族团结和维护祖国统一始终是人心所向，是历史发展的主流。简单回顾一下中国的历史，就可以发现团结统一一直是中华民族的历史主题。

在爱国主义的旗帜下，从古至今中华民族都把祖国的统一放在首位。没有统一，就没有民族的团结，社会就不会稳定。没有稳定的社会环境，就不会有人民的安居乐业，更谈不上集中精力搞建设。历史上个别分子和族群企图搞分裂的阴谋，从来不得人心，也必然遭到大多数民族和人民的坚决反对，最终也不会有好的结果。从春秋争雄到战国争霸，从五代十国到魏晋南北朝，从八王之乱到三国鼎立，纷繁的战争使得中华大地生灵涂炭，国运凋敝。历史上出现的商汤、武王兴业，贞观、文景之治，开元、开黄和康乾盛世，也都是在国家统一稳定时间较长的历史时期产生的。搞分裂就会给境外敌对势力以可乘之机，最终危害了祖国的核心利益。英帝国主义和沙皇俄国策动了阿古柏之乱，虽然爱国英雄左宗棠带领了十万爱国将士，疾驰半月行走了1000多公里，经过殊死血战，收回130多万平方公里领土，但仍有70万平方公里的国土沦丧于沙俄之手。

在中国历史上，涌现出了无数为维护祖国统一、反对分裂而献出自己生命的民族英雄：背上刺着"精忠报国"的南宋抗金名将岳飞，从荷兰殖民者手中收复阔别祖国母亲38年的宝岛台湾的清初民族英雄郑成功，还有为民族团结作出重大贡献而被传为历史佳话的王昭君和文成公主……他们像一颗颗璀璨的明珠闪耀在中华民族五千年的历史长河中。他们对国家的忠诚以及为维护国家主权独立和领土完整而甘愿牺牲的伟大精神，是每一位中华儿女的学习典范。

综观中国历史，民族统一占据了主流，虽有短暂的分裂内乱，但终归统一。世界上没有哪一个大民族像中华民族这样，虽每每经历分裂，但最后总能整合统一，这是世界民族史的奇迹。原因何在？原因就在于，"维护统一，反对分裂"符合中华民族的整体利益，是普天下中华儿女的共同意志，是引领中国几千年发展的主导精神。每次面对分裂，统一立即成为中华民族的最高理想。中国人总是将分裂内乱视为"国破"，又总是将"国破家亡"连成一条最简单的因果直线，将"覆巢之下，岂有完卵"视作天经地义的逻辑。这就是中华民族面对分裂的思维定式，一种永远不能改变的民族价值观。

回顾历史，可以得出一个基本规律：强盛的中国全部出现在统一时期，积贫积弱的中国全部出现在分裂内乱时期。因此，统一和稳定始终是中华民族的最高利益。现在，国内外敌对势力妄图破坏中国的民族团结，阻挠中国的统一大业，他们的罪恶阴谋背离了历史潮流，违背了中华民族的整体利益，是我们每一个中华儿女都不能允许的，所以，他们的罪恶图谋注定会以失败而告终！

第四节　同仇敌忾、抗御外侮

中华民族是一个酷爱自由、不屈服任何外来压力、勇于反抗侵略的民族。面对外来侵略，中华民族在爱国主义的旗帜下，奋起反抗，团结御侮，共赴国难，誓死保卫国家的主权独立和领土完整，谱写了无数伟大的爱国诗篇。

明清时期，我国人民在抗击东洋、西洋侵略者方面，显示了中华儿女的爱国主义精神。明将戚继光，面对倭寇的侵扰，组织了"戚家军"，经过10年的征战，扫清了东南沿海的倭患，使人民安居乐业；民族英雄郑成功，率军收复台湾，赶走了荷兰殖民者，使沦陷了38年的宝岛回到了祖国的怀抱；1898年法国强租广州湾，引起中国人民的强烈不满，现在湛江的"寸金桥"，就表现出中国人民对外国侵略者寸土不让的决心；1894年，中日甲午战争爆发，邓世昌管带的"致远号"战舰，虽弹尽舰伤，仍猛冲敌舰，令敌胆寒，他率领着250名将士撞击日军军舰，与敌人同归于尽，体现了中华儿女誓死抵御外辱、保卫祖国的坚强决心；八国联军侵华时，用落后装备同敌人浴血奋战的英勇的义和团战士，表现了中国人民自下而上的爱国热忱。中国人在积极反抗侵略的同时，其中的先进分子也在苦苦地探索着变革图强、振兴中华的良策。"睁眼看世界的第一人"魏源告诫人们要"师夷长技以制夷"；康有为掀起了维新变法的高潮；"革命先行者"孙中山又领导人们走上了探索革命救国的道路。为了革命，为了救国，孙中山数度流亡，奔走海外。据统计，孙中山一生曾四次横渡太平洋，四次横渡印度洋，六次横渡大西洋，七次到达檀香山，四次到达美国，四次到达英、法，七次到达越南，八次到达新加坡，十多次到达日本，足迹遍布全球，航程达20万里，等于绕地球转了五圈，可谓不辞辛苦，不远万里。为了革命，为了救国，他一次次地发动武装起义，单是辛亥革命前他就组织领导了10次起义。起义，失败，再起义，再失败，可以说是屡败屡战。孙中山有一手行医的好技术，如果为了个人生活的安逸，他完全可以不必如此奔波操劳。正是因为爱国主义精神，才有了我们今天口中的国父。爱国主义贯穿着中国人民创造整个近代历史的始终。

1919年的五四运动，是在帝国主义瓜分中国，北洋军阀政府对外妥协，丧权辱国，造成民族危机的背景下爆发的。英、美、法、意、日等帝国主义国家在巴黎召开的"和平"会议上，决定由日本接管德国在中国山东的各种特权。这种以牺牲中国人民的利益来调解各帝国主义之间争夺的"损人利己"行为，立即在国内引起了广大民众的愤慨。5月4日，北京学生3000多人首先起来反抗，举行游行示威活动，提出"外争国权、内惩国贼"的口号。而后遭北洋军阀政府的镇压，于6月3日、4日，在北京逮捕了1000多名学生。卖国政府的高压政策激起了全中国人民的愤怒：上海工人先后有6万多人举行罢工，声援北京学生的爱国行为。其后，唐山长辛店、九江、天津、南京、长沙、杭州、济南等工人，也相继游行、示威和罢工。工人群众的英勇斗争，迅速席卷全国。与此同时，全国的许多工商业者也举行了罢市。正是由于全国人民反帝爱国的伟大斗争，迫使北洋军阀政府不得不释放被捕学生，撤销曹汝霖、陆宗舆、章宗祥三个卖国贼的职务，并拒绝在巴黎和约上签字。至此，五四运动取得了胜利。五四运动的发生，是由于帝国主义欺人太甚、卖国政府恨人之极所致。五四运动迅速形成燎原之势并取得胜利，是"外争主权，内惩国贼"的伟大爱国主义口号把全国人民动员起来投入英勇斗争中的结果。五四运动，充分展现了爱国主义的巨大号召力和动员力。五四运动作为爱国主义运动，为中国现代史上一系列的爱国主义运动开了先河。

从1840年鸦片战争的爆发到1949年中华人民共和国的成立，这一百多年的历史是中华民族内求人民解放、外求民族独立的历史，是一段屈辱史，也是一段抗争史。无数侵略者的铁蹄在中华大地上横冲直撞，妄图将广袤的神州大地据为己有。虽然他们船坚炮利，但先进的装备依然抵不过中华儿女誓死抗敌的决心和意志。经过无数人的努力，最后，在中国共产党的领导下，中国人民团结一心，众志成城，终将侵略者赶出了中国，在四分五裂、满目疮痍的中华大地上重新建立起了一个统一的新中国，中国人民终于站起来了！改革开放30多年来，我们取得的重大成就，世界人民有目共睹。小康社会的基本建成，2001年的入世成功，2008年8月8日北京奥运会的胜利举办，2008年9月25日"神州七号"载人航天飞船的成功发射，等等，这些都标志着我们的政治、经济和科技的发展，以及国际地位的提高。这些成就的取得是中华民族爱国主义精神大发扬的结果，为新时期的青年人发扬爱国主义传统，推进中华民族的伟大复兴鼓足了信心和勇气。

中华民族爱好和平与自由，但决不能忍受外来的侵略和压迫。面对外来侵略，各族人民总是能团结一致，同仇敌忾，奋起反抗。在中国历史上，所有侵略者最终都难以逃脱失败的命运。也正是在抵御侵略、维护国家主权和民族尊严的过程中，中华民族形成了坚持国家和民族利益至上、誓死不当亡国奴的民族品格，万众一心、共赴国难的民族团结意识，不畏强暴、敢于同敌人血战到底的民族气概，百折不挠、勇于依靠自己的力量战胜侵略者的民族自强精神，开拓创新、善于在危难中开辟发展新路的民族创造精神，坚持正义、自觉为人类和平进步事业贡献力量的民族奉献精神。

延伸阅读

巾帼英雄秋瑾

秋瑾，原名秋闺瑾，自称鉴湖女侠，祖籍浙江绍兴，出生于福建厦门。行侠仗义，能文善武，爱着男装。1894年，其父亲任湘乡县督销总办时，将秋瑾许配给双峰县荷叶乡的王廷钧为妻，1896年完婚。婚礼期间，秋瑾当众亲朋好友面前诵读自创的《杞人忧》："幽燕烽火几时收，闻道中洋战未休；膝室空怀忧国恨，谁将巾帼易兜鍪"，表达自己忧民忧国的心情，因此受到当地人们的敬重。

1904年，秋瑾在丈夫的支持下冲破封建束缚，东渡日本留学。秋瑾在日期间，积极参加留日学生组织的各种革命活动，先后与陈撷芬发起了共爱会，和刘道一等组织十人会，创办《白话报》，参加洪门天地会，并受封为"白纸扇"（军师）。1905年秋瑾归国筹集学费时，经徐锡麟介绍加入光复会。后再赴日本，并加入了中国同盟会，被推选为评议部评议员和浙江主盟人。1906年，因日本政府取缔了留学生规则，愤然归国。1907年，在上海创办《中国女报》，为了筹集经费，她曾回到荷叶婆家取得一笔经费，并声明从此脱离家庭关系。秋瑾撰写很多提倡女权、宣传革命的文章，并先后到诸暨、义乌、金华、兰溪等地联络会党，计划响应萍浏醴起义，但起义失败，响应也因此未果。

1907年2月，秋瑾接任大通学堂督办。她联络浙江、上海军队和会党，组织光复军，推徐锡麟为首领，自任为协领，拟于7月6日在浙江、安徽同时起义，然而起义失败，秋瑾也被绍兴坤士胡道南出卖，于7月13日在大通学堂被捕。7月15日从容于浙江绍兴轩亭口就义，仅留下了"秋风秋雨愁煞人"的绝句。

孙中山和宋庆龄对秋瑾都有很高的评价。1912年12月9日孙中山曾撰挽联："江户矢丹忱，重君首赞同盟会；轩亭洒碧血，愧我今招侠女魂。"1916年8月1日到20日孙中山与宋庆龄游杭州时又专门赴秋瑾墓凭吊道："光复以前，浙人之首先入同盟会者秋女士也。今秋女士不再生，而'秋风秋雨愁煞人'之句，则传诵不忘。"宋庆龄在1942年7月出版的《中国妇女争取自由的斗争》一文中也称赞秋瑾是"最崇高的革命烈士之一"，并于1958年9月2日为《秋瑾烈士革命史迹》一书题名，1979年8月又为绍兴秋瑾纪念馆题词："秋瑾工诗文，有'秋风秋雨愁煞人'名句，能跨马携枪，曾东渡日本，志在革命，千秋万代传侠名。"

秋瑾处于男尊女卑思想依旧相当严重的时代，然而国难当头，虽家境优裕，已为人母，秋瑾毅然坚信"天下兴亡、匹夫有责"，她为拯救国家于危难之中，冲破封建的藩篱，东渡日本留学，后回来组织革命起义，正如她的一首名诗《鹧鸪天》："祖国沉沦感不禁，闲来海外觅知音。金瓯已缺总须补，为国牺牲敢惜身！嗟险阻，叹飘零。关山万里作雄行。休言女子非英物，夜夜龙泉壁上鸣。"充分体现了她忧国忧民和将个人命运与国家兴衰连为一体的崇高社会责任感。

秋瑾精神告诉我们人生来平等，谁说女子不如男，女性一样应该勇敢追求真理，为国家富强改革创新、与时俱进，为弘扬正义，敢于斗争，甚至献身，在所不惜。刚柔相济、卓然独立、热血忠勇的秋瑾精神值得我们学习。

挽救我们可爱的母亲

（《可爱的中国》节选）

方志敏

朋友！中国是生育我们的母亲。你们觉得这位母亲可爱吗？我想你们是和我一样的见解，都觉得这位母亲是蛮可爱蛮可爱的。以言气候，中国处于温带，不十分热，也不十分冷，好像我们母亲的体温，不高不低，最适宜于孩儿们的偎依。以言国土，中国土地广大，纵横万数千里，好像我们的母亲是一个身体魁大、胸宽背阔的妇人，不象日本姑娘那样苗条瘦小。中国许多有名的崇山大岭，长江巨河，以及大小湖泊，岂不象征着我们母亲丰满坚实的肥肤上之健美的肉纹和肉窝？中国土地的生产力是无限的；地底蕴藏着未开发的宝藏也是无限的；废置而未曾利用起来的天然力，更是无限的，这又岂不象征着我们的母亲，保有着无穷的乳汁，无穷的力量，以养育她四万万的孩儿？我想世界上再没有比她养得更多的孩子的母亲吧。至于说到中国天然风景的美丽，我可以说，不但是雄巍的峨嵋，妩媚的西湖，幽雅的雁荡，与夫"秀丽甲天下"的桂林山水，可以傲睨一世，令人称美；其实中国是无地不美，到处皆景，自城市以至乡村，一山一水，一丘一壑，只要稍加修饰和培植，都可以成流连难舍的胜景；这好像我们的母亲，她是一个天姿玉质的美人，她的身体的每一部分，都有令人爱慕之美。中国海岸线之长而且弯曲，照现代艺术家说来，这象征我们母亲富有曲线美吧。咳！母亲！美丽的母亲，可爱的母亲，只因你受着人家的压榨和剥削，弄成贫穷已极，不但不能买一件新的好看的衣服，把你自己装饰起来，甚至不能买块香皂将你全身洗擦洗擦，以致现出怪难看的一种憔悴褴褛和污秽不洁的形容来！啊！我们的母亲太可怜了，一个天生的丽人，现在却变成叫化的婆子！站在欧洲、美洲各位华贵的太太面前，固然是深愧不如，就是站在那日本小姑娘面前，也自惭形秽得很呢！

听着！朋友！母亲躲到一边去哭泣了，哭得伤心得很呀！她似乎在骂着："难道我四万万七千万的孩子，都是白生了吗？难道他们真像着了魔的狮子，一天到晚的睡着不醒吗？难道他们不知道自己的伟大的团结力量，去与残害母亲、剥削母亲的敌人斗争吗？难道他们不想将母亲从敌人手里救出来，把母亲也装饰起来，成为世界上一个最出色、最美丽、最令人尊敬的母亲吗？"朋友，听到没有母亲哀痛的哭吗？是的，是的，母亲骂得对，十分对！我们不能怪母亲好哭，只怪得我们之中出了败类，自己压制自己，眼睁睁的望着我们这位挺慈祥美丽的母亲，受着许多无谓的屈辱，和残暴的蹂躏！这真是我们做孩子们的不是了，简直连一位母亲都爱护不住了！

……

朋友，从崩溃毁灭中，救出中国来，从帝国主义恶魔生吞活剥下，救出我们垂死的母亲来，这是刻不容缓的了。但是，到底怎样去救呢？是不是由我们同胞中，选出几个最会作文章的人，写上一篇十分娓娓动听的文告或书信，去劝告那些恶魔停止侵略呢？还是挑选几个最会演说、最长于外交辞令的人，去向他们游说，说动他们的良心，自动地放下屠刀不再宰割中国呢？抑或挑选一些顶善哭泣的人，组成哭泣团，到他们面前去，长跪不起，哭个七日七夜，哭动他们的慈心，从中国撒手回去呢？再或者……我想不讲了，这些都不会丝毫有效的。哀求帝国主义不侵略和灭亡中国，那岂不等于哀求老虎不吃肉？那是再可笑也没有了。我想，欲求中国民族的独立解放，决不是哀告、跪求哭泣所能济事，而是唤起全国民众起来斗争，都手执武器，去与帝国主义进行神圣的民族革命战争，将他们打出中国去，这才是中国唯一的出路，也是我们救母亲的唯一方法，朋友，你们说对不对呢？

　　……

　　不错，目前的中国，固然是江山破碎，国弊民穷，但谁能断言，中国没有一个光明的前途呢？不，决不会的，我们相信，中国一定有个可赞美的光明前途。中国民族在很早以前，就造起了一座万里长城和开凿了几千里的运河，这就证明中国民族伟大无比的创造力？中国在战斗之中一旦斩去了帝国主义的锁链，肃清自己阵线内的汉奸卖国贼，得到了自由与解放，这种创造力，将会无限地发挥出来。到那时，中国的面貌将会被我们改造一新。所有贫穷和灾荒，混乱和仇杀，饥饿和寒冷，疾病和瘟疫，迷信和愚昧，以及那慢性的杀灭中国民族的鸦片毒物，这些等等都是帝国主义带给我们可憎的赠品，将来也要随着帝国主义的赶走而离去中国了。朋友，我相信，到那时，到处都是活跃的创造，到处都是日新月异的进步，欢歌将代替了悲叹，笑脸将代替了哭脸，富裕将代替了贫穷，康健将代替了疾病，智慧将代替了愚昧，友爱将代替了仇恨，生之快乐将代替了死之忧伤，明媚的花园将代替了暗淡的荒地！这时，我们民族就可以无愧色地立在人类的面前，而生育我们的母亲，也会最美丽地装饰起来，与世界上各位母亲平等地携手了。

这么光荣的一天，决不在辽远的将来，而在很近的将来，我们可以这样相信的，朋友！

第四章　新时期的爱国主义

在新的时代背景下，中华民族的爱国主义，既承接了历史上爱国主义的优秀传统，又吸纳了鲜活的时代精神，内涵更加丰富。建设和发展中国特色社会主义成为新时期爱国主义的主题。在现阶段，爱国主义主要表现为弘扬民族精神与时代精神，献身于建设和保卫社会主义现代化事业，献身于促进祖国统一的事业。

2004年，十届全国人大二次会议通过的《中华人民共和国宪法修正案》指出："在长期的革命和建设过程中，已经结成由中国共产党领导的，由各民主党派和各人民团体参加的，包括全体社会主义劳动者、社会主义事业的建设者，维护社会主义的爱国者和维护祖国统一的爱国者的广泛的爱国统一战线，这个统一战线将继续巩固和发展。"这一阐述明确了新时期爱国统一战线的范围，为认识和把握新时期的爱国主义提供了基本依据。

第一节　爱国主义与爱社会主义的一致性

在现实中，爱中国与爱社会主义必然地紧密联系在一起。爱国，不是抽象的，而是与具体国家联系在一起的，社会主义制度并不是外在的虚无，而是渗透和存在于社会的各个领域和社会生活的方方面面中。在第二章中，我们讲到了爱国主义的基本要求之一就是爱自己的国家。当代中国，爱国主义首先体现在对社会主义中国的热爱上。作为一个生长在社会主义制度下的公民，如果连社会主义中国都不爱，何谈爱国？如果说生活于祖国大陆之外的港澳台同胞和海外侨胞由于生活环境不同，在对社会主义制度不了解、不理解的情况下也可以做一个爱国者的话，那么，对于生活于祖国大陆，并在社会主义制度下生活的人们来说，则是很难在自己的生活中把中国和社会主义制度分开的。

在国际社会中，社会主义中国也是作为一个整体而存在和发挥作用的。社会主义制度的巩固、完善和发展，必然意味着中国社会的稳定、发展和繁荣，意味着中国国力的强盛和国际地位的提高。同样，中国在政治、经济、文化、科技方面的发展，中国综合国力的提高，也必然提高社会主义制度的威望，推进社会主义事业的发展。反过来，如果中国的社会主义制度受到削弱和破坏，那么中国的国力就必然会下降；同样，如果中国人民或中华民族的利益受到损害，则中国的社会主义制度也必然受到损失。反对中国的人，总是把矛头对准中国的社会主义；而攻击社会主义的人，虽然瞄准的是社会主义制度，但被损害的还是中国。

中国近现代的历史发展雄辩地证明，爱中国就必然爱社会主义，这是历史的必然选择。社会主义为爱国主义提供了正确的发展方向，开辟了广阔的道路。发展社会主义事业需要大力弘扬爱国主义精神，而爱国主义也只有在坚持中国特色社会主义道路的前提下才能具有强大的生命力。

一部中国近代史，实际上就是一部由爱国主义到爱社会主义的历史。近代中国有过无数次以"拯救中华"为主题的爱国运动，从太平天国到辛亥革命，从实业救国、科学救国到教育救国，无数仁人志士为实现民族独立、国家强盛，进行了一次次的斗争，但无一例外都失败了。斗争之所以都以失败而告终，原因都在于这些行动缺乏正确的政治方向。随着马克思主义的传入、中国共产党的诞生和无产阶级领导的民主革命的兴起，爱国主义被赋予了全新的内涵，即与社会主义相结合。一切真诚的爱国行动必然以社会主义为归宿。中国共产党领导的、以推翻"三座大山"为目的的新民主主义革命，是我国有史以来最伟大的革命运动，它的成功是恢复中华民族尊严的一次具有决定意义的胜利。社会主义中国不是从天上掉下来的，而是中国共产党领导全国人民抛头颅、洒热血，艰苦奋斗、锐意进取的结果。人民从血的教训中认识到：资本主义无法救中国，完成拯救民族危机的历史使命，只能由社会主义来承担。

社会主义制度的建立，第一次为近代以来爱国主义目标的实现开辟了广阔的道路，第一次使中华民族百年来富民强国的理想有了实现的可能。经过新中国60多年的发展，特别是改革开放以来，社会主义建设取得的重大成就，把一个原来千疮百孔、贫穷落后的旧中国，改造成为一个蒸蒸日上、大步走向繁荣富强的新中国。我国社会主义建设所取得的伟大成就有目共睹。我国已经不再是一个任人宰割、民生凋敝、满目疮痍的半殖民地半封建的"东亚病夫"，而是一位充满了生机和活力、为世界所瞩目的繁荣昌盛的东方巨人。中国的历史和现实都充分证明：只有社会主义才能救中国，只有社会主义才能发展中国。因此，爱国主义与爱社会主义相统一，是我国人民半个多世纪以来所走过的基本道路，也是改革开放以来中华民族取得一个又一个胜利的历史经验。

社会主义与爱国主义在价值取向上也是一致的。社会主义的价值目标是消灭剥削，消除两极分化，最终达到共同富裕，因而社会主义又体现了为全体人民谋利益的理想，其价值取向是为人民服务和集体主义。一个真正的爱国者，不仅希望自己的祖国富强，而且为了祖国和人民的利益，还应不惜牺牲个人的利益。可见在当前新的历史条件下坚持爱国主义，实质上也就是体现了社会主义的价值取向。爱国主义与爱社会主义紧密相连，不可分离。爱国主义所追求的民族独立和人民民主，要靠社会主义才能获得实现；爱国主义所向往的民族统一和国强民富，也要靠社会主义才能实现。推动社会主义事业的不断发展，爱国主义是强大的精神动力；

实现祖国和民族的振兴，爱国主义是主要的精神支柱。爱祖国，就要爱社会主义的中华人民共和国。

四川汶川大地震发生后的抗震救灾活动，生动地体现了爱国主义与爱社会主义的完美结合。面对特大地震灾害，中国人民把血浓于水的感情和无尽的爱投入到了救援和灾后重建的活动中，在最短时间内，以最坚强的领导、最快的速度、最有力的措施进行了规模巨大、卓有成效的灾后救助和重建。当亿万人民呼喊着"中国，加油"之时，中国几千年来的爱国主义精神得到了充分展现。这种强烈的爱国主义精神、爱国主义传统之所以能够在今天发挥得如此淋漓尽致，就是因为有社会主义制度作支撑和保障。

2008年5月3日，胡锦涛在北京大学师生代表座谈会上提出"坚持爱国主义与社会主义的高度统一"，大力弘扬爱国主义精神，满怀"以天下为己任"的赤诚，与全国人民一起投入到民族振兴的伟大事业。他强调，"时刻心系民族命运、心系国家发展、心系人民福祉，使爱国主义精神在新的时代条件下依然发扬光大。要不断深化对我国历史和国情的认识、对改革开放30年伟大进程的认识，以便进一步增强民族自尊心、自信心和自豪感，进一步坚定跟党走中国特色社会主义道路、实现中华民族伟大复兴的信念。社会主义中国不是从天上掉下来的，而是中国共产党领导广大人民群众经过流血牺牲、长期艰苦奋斗建立起来的。"没有共产党就没有新中国"，离开了热爱党，爱国主义就无从谈起。同时，中国共产党既是无产阶级的先锋队，也是中国人民和中华民族的先锋队，更是社会主义现代化建设的领导核心，他始终代表着最广大人民群众的根本利益。所以，爱国主义与爱社会主义、爱中国共产党、爱人民政府，都具有深刻的内在一致性。

第二节　爱国主义与拥护祖国统一的一致性

爱国主义是维护祖国统一和民族团结的纽带，热爱祖国就应包含着拥护祖国的统一。自古以来，爱国主义的一个基本内容，就是维护祖国统一和民族团结。回顾历史我们清晰地看到，维护祖国的独立统一就像一条红线始终贯穿于中华民族爱国主义发展史之中。中国古代先贤早就提出了"大一统"的政治哲学思想，维护国家统一也成为中华民族爱国主义传统中最重要的理念。热爱祖国，就要反对一切分裂祖国、破坏祖国统一的行为，牢固确立国家主权神圣不可侵犯、祖国尊严重于一切的坚定信念。要和一切破坏祖国统一、分裂祖国的行为作斗争，维护国家和民族的尊严。

爱国主义与拥护祖国统一的一致性，不仅是对中国公民的要求，更是对全体中华儿女包括港澳同胞以及海外侨胞的基本要求。在这个问题上，爱国与否是最大的政治分野。作为中华儿女，你不一定要赞成大陆实行的社会主义制度，但却不能不爱中国，不能不拥护祖国统一，只要承认世界上只有一个中国，承认台湾是中国领土不可分割的一部分，就能够求维护祖国统一之同，存意识形态之异。在中华民族爱国主义的发展史上，维护祖国统一、反对祖国分裂是中华儿女爱国情怀的重要体现，也是对国家主权、领土完整及民族感情的认同。任何旨在制造国家分裂、损害国家主权和领土完整的言行，都会遭到具有强烈爱国精神的海内外中华儿女的坚决反对。

由于种种原因，台湾问题迟迟没有得到妥善解决，海峡两岸仍然被人为地分割着，"台独"势力依然十分猖獗。这种分裂状况严重违背了包括台湾同胞在内的中国各族人民的利益和愿望，也成为制约中华民族伟大复兴实现的一个最大障碍。在这种情况下，尤其需要强调把维护祖国统一作为爱国主义的基点，使之成为动员和激励人们为实现祖国统一而战的强大的精神支柱。

由于历史和现实的一些原因，生活在祖国大陆之外的一些同胞对大陆缺乏了解，对于他们的爱国行为应当具体分析，具体对待。邓小平曾指出："港澳、台港、海外的爱国同胞，不能要求他们都拥护社会主义，但是至少也不能反对社会主义的新中国，否则怎么叫爱祖国呢？只要站在拥护祖国统一的原则立场上，深明中华民族的大义，就能够在政治上求同存异，团结起来，共同为祖国的统一大业奋斗。"

第三节　经济全球化形势下要弘扬爱国主义

经济全球化主要指生产、贸易、投资、市场等一系列经济要素在世界范围内加速运动、各种经济实体在世界范围内加速融合、经济规则在世界范围内加速普遍化的经济国际化发展趋势。

经济全球化的范畴和概念大致是在20世纪80年代提出的，这个概念提出以后，世界经济合作与发展组织对其予以承认并且开始使用。一般来说，经济全球化的概念是指一个世界经济的发展过程和历程，它主要分为两个阶段：第一阶段是经济全球化的准备阶段，大致从19世纪末到20世纪初开始。在这个阶段里，世界市场划分已经完成，世界性的资本主义垄断已经基本形成。因此，它是经济全球化的准备阶段。第二阶段是经济全球化阶段，它开始于20世纪80年代，由于跨国经济的迅猛发展，它变成了经济全球化的世界发展趋势。经济全球化和另外一种经济现象是同时出现的，那就是信息的全球化和网络经济，网络经济和信息全球化是经济全球化的必要条件，他们相互制约，相互支持，共同努力。

经济全球化是当今时代发展的重要趋势。它的发展使世界各国在经济上的联系日益紧密，同时也影响到了世界各国的政治和文化，对爱国主义也提出了挑战。在经济全球化的背景下，科学技术的发展和利用是跨国界的，商品在全世界销售，资本跨国界流动，信息得以共享，经济交往中需要遵循共同的规则，跨国公司本土化的程度不断提高，不仅利用当地的自然资源，还充分利用当地的人力资源。各国的公民在世界范围内流动，一个国家的公民可能工作和生活在另一个国家，并对另一个国家产生感情。这种情况使一些人对自己的归宿感产生了疑问，甚至认为爱国主义在今天已经过时了。

事实上，爱国主义并没有也不会过时，只要国家继续存在，爱国主义就有其坚实的基础和丰富的意义。马克思主义早就指出，主权国家（民族国家）是一定历史发展阶段的产物，是阶级矛盾不可调和的产物和表现，只有消灭了阶级，进入了共产主义的时代，国家、民族才会逐渐消亡。只要这些基本的历史条件没有发生变化，国家的主权地位就不可能发生根本改变。在经济全球化的条件下，国家仍然是民族存在的最高组织形式，是国际社会活动中的独立主体，是民族整体利益的代表者。任何国家都将从本国利益出发，以追求本国利益最大化作为国际经济关系的出发点和归宿点。各个国家都力求趋利避害，以期最大限度地增进本民族的利益，推动本国各项事业的向前发展。即使是提倡一体化的欧洲，各成员国的利益要求也绝非其共同利益能够完全取代的，一体化进程中各主权国家仍强调各自的相对独立性。对于发展中国家来说，由于经济发展水平的悬殊，民族国家体系更是其参与经济全球化的政治保障，推动着民族国家的发展。国民对国家的忠诚也不会因全球化而减弱。在全球化的过程中，越是积极融入全球化进程，就越是要自觉突出本民族、本国的特色。

我们在参与经济全球化的过程中，必须坚定地捍卫自己国家的利益，这就更需要爱国主义的支撑。经济全球化是一把双刃剑，既是机遇，更是挑战。现实情况表明，经济全球化背景下，发展中国家不仅要面对经济方面的挑战，而且也必然面对政治和文化上的挑战。西方发达国家利用经济、科技，甚至军事等方面的优势，竭力输出他们的政治观、价值观、文化观和生活方式，力图主导经济全球化进程，把发展中国家纳入西方的发展模式和发展轨道。在这种情况下，更需要大力弘扬爱国主义，维护本国、本民族的利益。

一、西方全球化理论对国家主权观的冲击

当代西方国家借助于他们对全球化的主导性及西方中心论、种族优越论、文明冲突论等文化霸权理论的支持，便肆意通过多种途径渗透其文化价值观。如通过书刊、影视、服

饰、通俗文学、流行歌曲等方式，把西方的生活方式、价值观念、政治理念、社会制度等渗透、传播到接受国的社会大众之中，使接受国的社会大众的思想观念发生潜移默化的转变，渐渐接受西方的生活方式、价值观念，等等。面对西方媒体的宣传渗透和我国经济文化相对落后的现实，一些人妄自菲薄，对国家民族的前途信心不足，削弱了民族认同感，使爱国主义精神受到严重影响。

另外，西方一些学者还提出了所谓的国家主权弱化论、过时论，以及民族国家终结论的观点。如英国学者安东尼·吉登斯和美国学者、"新治理"论的代表詹姆士·罗西瑙认为，全球化的发展，使各民族国家的经济运行越来越多地遵循着国际条约约定、规范和惯例，原本为一国所独有的权利，现在却成为国际社会共同拥有的权利，因此传统意义上国家主权的绝对排他性受到削弱。罗西瑙称："国家主权的衰退是当今世界的一大潮流。"而国家主权弱化论的观点也认为，广泛建立的各种非国家行为组织机构对世界和地区的事务拥有着广泛的介入和影响力。简·阿尔特·斯科尔特认为，传统的国家主权已经开始崩溃，"在全球化时代，国家主权只有通过放弃国家主权才能实现"。有些学者虽然仍然主张民族在现代政治生活中的核心地位，但在国家主权问题上也同样对传统理论持完全否定的态度。这是国家主权过时论的观点。更有一些学者指出，全球化破坏了国家的自主性，一个"社会的世界"正在取代"国家的世界"，东西方冲突的结束削弱了民族国家存在的价值，因此，"民族国家已经过时"，"民族国家正在终结"。这是民族国家终结论的观点。这些观点容易使一些人产生错觉，认为世界已进入了一个政治、经济、文化"无国界"的时代，甚至认为国家会随着跨国公司等全球性机制的发展而消亡，全球化时代无需再提民族国家的主权和利益，从而使国家主权的神圣性大打折扣，淡化了民族国家主权观，使爱国主义精神受到严重冲击。

在经济全球化背景下，西方某些大国极力鼓吹主权弱化，妄图推行全球政治一体化和文化一体化，这是十分荒谬的。经济全球化与政治、文化一体化是本质截然不同的概念。经济全球化指跨国经济活动、跨国经济组织、跨国经济规则普遍化的客观发展趋势。这个客观发展趋势对于发展中国家而言，既是一个发展的机会，同时，又是一个经济、政治、文化等方面的挑战。只要能正确认识和把握经济全球化的趋势，采取正确的对策，发展中国家就能乘势而上，并能有效地抵制和化解经济、政治、文化的挑战。而政治、文化一体化则是指政治制度和文化价值观念的单一化、同一化和无差别化。其实质就是西方大国在经济全球化加快发展的条件下，利用其经济和军事优势，采用经济、政治、文化，甚至军事的手段，阻挠世界各国政治和文化的多样性选择和发展，推行全球政治制度和文化价值观念的全盘西化。显然，经济全球化与政治、文化一体化有着本质的不同。

推行政治、文化一体化是一种强权政治和霸权主义行为。国家无论大小、强弱，都有权选择和决定适合于自己的政治制度和文化，西方某些大国企图利用经济全球化的趋势，将本国的政治制度和文化价值观念强加给别国，特别是强加给发展中国家，这是一种无视别国国家主权，肆意破坏正常国际秩序和践踏别国国家主权的强权政治和霸权主义行为。

推行政治、文化一体化违背人类文明的发展规律，必然不能得逞。人类文明是多样性的存在，自国家产生以来，世界各国的政治制度和文化价值观念就是多样的，并且是在多样性中发展的。这是人类文明存在和发展的规律，具有客观性，不能违背。妄图用一种政治制度和文化价值观去统一世界，不仅是对别国特别是发展中国家主权的侵害，也是对世界文化的诋毁。因此，这种观点是根本行不通的。它只能损害别国的根本利益，阻碍世界文明的正常发展，最后以彻底失败而告终。

我们应当坚决反对全球政治、文化一体化的图谋。在经济全球化加速发展的形势下，一定要保持清醒的认识。经济全球化绝不等于全球政治、文化一体化。要充分利用经济全球化所提供的发展机遇，就必须坚决维护自己的主权和尊严，按照自己的国情来选择和发展自己的政治制度和文化。同时，应掌握反对政治、文化一体化的斗争策略，批判地继承本民族的传统文化，批判地吸收别国的先进文化，弘扬和发展本民族的优秀文化。

二、在经济全球化形势下更要弘扬爱国主义

经济全球化的特点是经济活动超越民族和国家的界限。经济全球化是指各种生产要素或资源在世界范围内自由流动，目的是实现生产要素或资源在世界范围内的最优配

置。经济全球化进程在某种程度上已经使地球变成了"地球村"，各个国家、各个民族之间的交往越来越频繁，差别越来越小，各国共同利益不断增加，国家与国家之间的共同利益增多。西方发达国家利用其经济全球化的活动，竭力输出他们的政治观、价值观、文化观和生活方式，力图在经济全球化的进程中，对发展中国家施加实质意义上的影响，将其纳入发达国家的发展模式和发展轨道中。说到底，发达国家就是想弱化其他国家的身份，自己成为真正意义上的主导者。

认清了这一点，我们就应当注意到：随着经济、科技的发展，整个世界经济在运作形式上更加融合、更加活跃，它超过了国家的疆界，形成了你中有我、我中有你的局面。但是问题的实质并没有变化，投资者的目的依然是为了追求利润最大化。任何时候，本民族和国家的利益仍然是国民应该首要考量和加以认真对待的事情。

经济全球化不仅使竞争的范围扩大到全球领域，更使得竞争的激烈程度不断强化，也使各国之间各种利益冲突的可能性增加。于是，要想在竞争中获得最大的利益，把损失减少到最小程度以维护国家的主权和尊严，各民族国家必须要高举爱国主义的旗帜。我们要清醒地认识到：目前我们所处的时代仍然是全球化趋势与民族国家观念并存的时代。全球化并没有导致民族国家的消失。民族国家观念和意识的伦理价值趋向——爱国主义依然被给予高度重视，爱国主义永远是我们中华民族强大的凝聚力和永恒的主题。

经济全球化是不可回避的必然趋势，我们只有勇于和善于参与经济全球化的竞争，才能加快我国经济的发展，不断增强国家的经济实力和综合国力。大力弘扬爱国主义，必须以宽广的眼界观察世界，以积极而理性的姿态参与经济全球化进程，实施互利共赢的开放战略，促进国家更快更好的发展。爱国主义不是狭隘的民族主义，也不是大国沙文主义。要正确处理好热爱祖国与关爱世界、为祖国服务与尽国际义务、维护世界和平与促进世界各国共同发展之间的关系。

延伸阅读

智对"刁难"——中国留学生的国格与尊严之辩

这是一场中国留学生用机智与巧辩捍卫尊严的对话，语境是中国留学生舌战法国对话课教授。下面是几处精彩的对话：

这位赴法国巴黎十二大学就读的插班中国留学生原为一名记者。一次对话课时，法国教授毫不客气地向他发起了"挑战"："作为记者，请概括一下您在中国是怎样工作的。"显然，这个问题与政治关系密切，是极为敏感棘手、难以回答的。然而面对这样先发制人的凌厉进攻，中国留学生抓住教授问题中的"概括"一词，机智地采取了画地为牢的方法，用真正"概括"的语言回敬了教授："概括一下来讲，我写我愿意写的东西。"

教授见未能达到目的，接着又问："我想您会给予我这样的荣幸：让我明白您的首长是怎样工作的。"中国留学生用同样的方式回答道："概括一下来讲，我的首长发他愿意发的东西。"这实在是答非所问，无效回答，全班同学不由得哄堂大笑。

连碰了两个软钉子，教授精心策划又一次发难——"我可以知道您来自哪个中国吗？"中国留学生在摸清对方的意图后，冷静地回答："先生，我没有听清楚您的问题。"这一似退实进的回答使教授进一步干脆赤裸裸地挑明问题，又说道："我是想知道，您是来自台湾中国还是北京中国。"霎时，全班几十双不同颜色的眼睛齐刷刷转向了这名中国留学生和班里仅有的另一名台湾同学。这位中国留学生毫不迟疑地回答："只有一个中国，教授先生，这是常识。"随后，那位台湾同学在教授和全班同学的注视下也附和道："只有一个中国，教授先生，这是常识。"

这句答话尤其着重强调了"教授"和"常识"两词，字字千钧，言外之意不乏嘲讽。留学生巧妙地表明了自己不容置疑的立场的同时，也宣告了教授请君入瓮计划的破产。

教授步步紧逼，又问道："那么您认为在台湾问题上，该由谁负主要责任呢？"中国留学生在面对这种开门见山、单刀直入的提问方式时，表现出一种爽朗的风度，幽默轻松地回答道："该是我们的父辈，教授先生，那会儿他们还年纪轻轻呢。"

教授仍不依不饶："依您之见，台湾问题应该如何解决呢？"中国留学生巧妙地化实为虚，轻松地回答道："教授先生，中国有句古话，叫作：一人做事一人当。我们的父辈还健在呢。我们没有权利去剥夺父辈们解决他们自己酿就的难题的资格。"在充满幽默感的笑声中，中国留学生将话题全部转移到父辈身上，轻松地化解掉这个犀利锋芒的问题。然而教授接着顺理成章地对"父辈"的话题又是犀利地攻击道:"我想您不会否认邓小平先生是你们的父辈。您是否知道他想如何解决台湾问题?"中国留学生以不变应万变:"我想,如今摆在邓小平先生桌面的,台湾问题并非是最重要的。"教授马上接着问:"您认为在邓小平先生的桌面上,什么问题最重要?"中国留学生迅速回答:"依我之见,如何使中国尽早富强起来是他迫切考虑的。"到此,已经意味着教授关于"台湾问题"的对话以惨败而告终。

教授最后孤注一掷地"掷"出一个更大难度的问题:"我实在愿意请教,中国富强的标准是什么,这儿坐的二十几个国家的学生,我想大家都有兴趣弄清楚这一点。"很明显,这个关于中国富强的问题标准不一,再加上教授又将他们两人的交锋人为地同二十几个国家的学生扯在一起,更是把问题变得错综复杂,短时间内根本说不明白。经过了几次的交锋,中国留学生此时已经洞悉了教授提问的用心。他站起来一板一眼地说:"最起码的一条是:任何一个离开国门的我的同胞,再不会受到像我今口要承受的这类刁难。"可谓借助"中国富强标准"之题,郑重地宣告了一个中国人人格的不容侵犯,同时给这场激烈的舌战画上句号。

这场舌战真正精彩的地方是它的结尾，这位教授离开了讲台径自走到中国留学生面前，一只手放在他的肩上，轻轻地说："我丝毫没有刁难您的意思。我只是想知道一个普普通通的中国人是如何看待他们自己国家的问题的。"然后，他大步走到教室中央大声宣布："我向中国人脱帽致敬！下课！"

邓中翰的"中国芯"

20世纪80年代，邓中翰考入中国科技大学的地球与空间科学系。大学期间，他就尝试用量子物理的理论解释地质问题，论文曾荣获"全国大学生科技竞赛挑战杯奖"。1992年，他赴美国伯克利加州大学留学，他是大家公认的最勤奋的学生之一，是该校建校130年来第一位横跨理、工、商三学科的学者，经过五年学习，竟同时取得了三个学位：电子工程学博士、经济管理学硕士、物理学硕士。毕业后他进入美国人才汇聚的硅谷IBM公司闯荡，参与研发世界上计算速度最快的中央处理器。之后，该公司接纳邓中翰为高级研究员，负责研究超大规模集成电路设计。很快，邓中翰发明多项专利并获得"IBM发明创造奖"。此时，他已经是集成电路设计领域的领军人物，迅速使公司的市值超过1.5亿美元。1999年9月，他受到国务院邀请，回国参加新中国成立50周年庆祝活动，同年10月，他和来自朗讯贝尔实验室的张辉、惠普的杨晓东等人成立了中星微电子有限公司。他领导研发的"星光中国芯"系列数字多媒体芯片，是引领国际市场的重大突破和成功范例，彻底结束了"中国无芯"的历史，实现了几代中国集成电路工作者未能完成的梦想，使中国电子信息产业从"中国制造"迈向"中国创造"，他是"中国创造"的真正实践者。

邓中翰曾说，你只有到了国外，才能知道什么是"中国心"，他们的团队都是"海归"，他们不甘心在硅谷、在别人的地盘上干一辈子，感觉在硅谷是替别人做技术，在中国做的每一块芯片都是属于我们祖国的。爱国是他们共同的情感，当初出去就是为了有一天能够回来。

从邓中翰的事例可以看出，如果一个人有崇高的爱国主义道德意识，并能够将爱国之志转化为报国之力，那么出国和爱国是不对立的，是可以兼得的。

第五章　当代爱国主义的理性表达

第一节　爱国主义的新观念

在经济全球化时代，任何一个闭关锁国的国家在当今世界都将难以得到良好的发展。中国的发展需要世界，世界的发展也离不开中国，经济全球化下的中国，挑战与机遇并存。但是，经济全球化并不等于经济一体化，经济全球化也不等于政治全球化、军事全球化、文化全球化、宗教全球化……衡量一个国家的综合国力，除经济发展水平外，还有许多其他要素，而这些要素在当今世界仍具有明显的以国家和民族及其根本利益来划分的标志。"阳光包含七种色彩，世界也是异彩纷呈的。"每个国家、每个民族都有自己的历史文化传统，都有自己的长处和优势，应该相互尊重，相互学习，取长补短，共同进步。在经济全球化的形势下，我们更需要弘扬爱国主义，树立爱国主义的新观念。

一、人有地域和信仰的不同，但报效祖国之心不应有差别

在经济全球化背景下，各国公民在世界范围内流动，但作为中华儿女，不管你身在哪里，不管你的政治立场和信仰如何，也无论你在何种所有制企业中工作都可以以自己的方式来报效祖国。应当说，经济全球化趋势为个人报效祖国消除了许多障碍或阻隔，开辟了更多的渠道和更大的空间。

当中国两岸三地遭受非典的侵袭时，全球华侨华人非常关心国内的亲人朋友，并以各种力所能及的方式支持祖国的抗击非典战役。美国东西海岸的华侨华人社区不约而同地发起了声援活动，纽约、旧金山、洛杉矶的主要华侨华人社团动员起来捐款捐物。纽约侨界募捐大会一次就筹集了10万美元的捐款；旧金山侨界先后两次募集了大量的医疗用品和器械装运回国；洛杉矶地区华侨华人社团也积极行动，募集了2万多美元捐款和6万多美元的药物支援两岸三地抗击非典。美

国华侨华人专家也组织起来为中国抗击非典贡献力量。由旅美华裔专业社团发起的"非典救援基金会"在纽约成立，基金会将不仅在美国各地组织募捐活动，还将在广大旅美华裔专业人士的支持下，帮助有关亚洲国家加强非典治疗和临床研究，许多社团负责人纷纷献计献策，宣布各自组织为帮助祖国人民战胜非典出一份力量、献一份智慧的具体设想。

在欧洲，旅法华侨华人社团和留学生组织倡议为战斗在防治非典第一线的国内医护工作者捐款，以实际行动支援祖国抗击非典的斗争。全法中国学者学生联合会倡议每一个有爱国心和责任感的同学立即行动起来积极支持捐款活动；法国华侨华人会主席团召开会议专门讨论如何资助国内抗击非典。华侨华人代表说，在祖国受到非典威胁的紧要关头，海外华侨华人更应该与祖国和人民站在一起。

在南美洲，巴西华人文化交流协会致信中国国务院侨务办公室，向战斗在抗击非典前线的医务工作者表示慰问。慰问信说："在非典这一严重的突如其来的灾难面前，医务工作者临危不惧、舍生忘死，战斗在第一线，为患者带来福音，为国家奠定安宁，巴西华侨华人向医务工作者及其家人致以最良好的祝愿和最亲切的慰问，希望他们在危险、繁忙的工作中多多保重。"

在东南亚，菲律宾华商联总会（商总）向中国国务院侨办发出慰问信，对中国在抗疫作战中积极采取各项防治措施，从而受到国际社会肯定表示敬佩，并祝抗疫战争早奏凯歌。商总永久名誉理事长陈永栽先生也以个人名义向侨办致信表示，愿为中国的抗疫工作竭尽全力。

在大洋洲，新西兰惠灵顿的新华人联谊会组织了"献爱心，抗非典"募捐活动，得到华侨华人和新西兰人的热烈响应。联谊会在当地媒体刊登广告说，祖国人民目前正万众一心地与非典进行着勇敢的斗争，我们无时无刻不挂念着万里之遥、身处抗击非典第一线的国内亲人和朋友，联谊会号召会员们慷慨捐款，为祖国人民早日战胜病魔贡献一点力量。

他们用实际行动证明：人有地域和信仰的不同，但报效祖国之心不应有差别。

二、科学没有国界，但科学家有祖国

科学是人类智慧的结晶，是属于全人类的财富，理应为全人类服务。但无论是自然科学家还是社会科学家，他们与祖国却都有着难以割舍的关系和情感。科学无国界，但科学事业的发展和科学家的命运都与自己的祖国有着密切的关系。科学知识是无国界的，但科学知识的运用却不能离开具体的国家。爱国主义者对祖国有着最深厚的情感，他们为了祖国人民可以抛弃自己的一切，包括荣誉、事业、优越的工作条件和生活待遇，等等。我国许多旅居海外的科学家，在新中国成立以后，克服艰难困苦，甚至冒着生命危险，从国外回国效力，为祖国建设、民族繁荣作出了巨大的贡献，这也是深厚爱国情感的生动写照。

著名桥梁建筑专家茅以升，23岁在美国获得工科博士学位，人们纷纷向他投去尊敬、赞美的目光，一份份诱人的聘书也向他招手。有人劝他留在美国，说是科学没有国界。但是茅以升却斩钉截铁地回答："不！纵然科学没有祖国，科学家却是有祖国的！我是中国人，我的祖国更需要我！"他毅然踏上了回国的归途。正是因为对祖国的热爱，茅以升才放弃了国外优越的生活条件。而这恰恰反映了科学家的爱国主义和国际主义的辩证统一。各国科学家为自己祖国的科学事业忘我工作，力争多出成果，同时又把自己的科学成果无偿或有偿贡献给世界各国人民，为世界和平和全人类幸福服务。真正的科学家，首先是真正的爱国主义者，同时又是国际主义者。

三、经济全球化过程中要始终维护国家的主权和尊严

在经济全球化过程中，西方某些国家打着经济全球化的旗子来推行他们的政治制度和价值观念，别有用心地伤害他国的主权和尊严。当今世界政治制度和价值观念呈现多元化的特点，企图用一种政治制度、价值观念和意识形态去同化他国，统一世界，根本行不通。对此，我们青年人面对外国文化的影响，应当要保持清醒的认识，始终维护国家的主权和尊严。

同时，随着国际交流的频繁和人们生活水平的提高，越来越多的中国游客到世界各地旅游观光，他们的一言一行，都会被看成是代表了中国人的形象。有的国家会在一些景点专门设置用中文写的游客文明提示牌，如不要随地吐痰、不得高声喧哗、请排队等，让许多爱国的华人、华侨和出境游客感到羞愧难堪。

　　1996年6月，就职于著名的游戏软件制作企业——日本光荣公司天津公司电脑动画部的四位中国职员，却因该公司欲在天津加工由日本人开发的、以二战时太平洋战争为时代背景的游戏《提督的决断》而向日方提出了严正抗议。他们认为，这部游戏歪曲历史、美化日本侵略者，严重伤害了中国人民的感情。因为日方对此反应冷淡，此后这四位热血青年集体提出辞职。不久，另外七名职员也联名辞职，以支持这四名青年的爱国行动。

　　一直以来，仍旧有一些地方的商场将当年日本侵略者侵华时所用的战舰"大和号"的模型，以及希特勒法西斯的徽标和军刀的仿制品，堂而皇之地摆上了柜台。在我国的一些城市，居然流行起"皇军帽"，戴者多为青年人。当有人指出"皇军帽"是当年日本侵略者的一种标志时，有的青年人说，"我们戴这种帽子，根本就没想那么多"；有的青年人说，"从审美的角度考虑，个人有选择的自由"；有的青年人说，"戴这种帽子很好玩"；还有的青年人说，"都什么年代了，还管那么多"，等等。中华民族曾饱受日本侵略者烧杀掳掠奸淫之苦，凡亲眼见到过，或在电影电视、图片资料中看到过当年日本侵略者形象的，无不一眼就能认出那种"皇军帽"，并由此联想到日本侵略者的暴行以及给中华民族带来的深重灾难。而这些青年人，竟会戴着"皇军帽"招摇过市，还自认为是"审美"、"很好玩"。一位编导到曾经活跃着无数抗日英雄的冀中平原采访，他问那里的一些青年农民："'七七'是什么日子？"对方立刻笑答："牛郎织女相会呗！"他又问："'九一八'是什么日子？"对方略为思索后回答："'九一八'……'就要发'呀！"难怪一位研究中国问题的西方学者会这样说："现在中国一些人最缺乏的不是货币，不是彩电，不是煤炭，不是粮食，而是昂扬的民族精神！"

正如博鳌亚洲论坛秘书长龙永图所提出的，我们要树立大国的形象，就要有与大国相适应的风度和文明水平。用个人的文明言行和优秀素质展示祖国的文明形象，是热爱祖国，珍惜国家荣誉的积极表现。

第二节　青少年应理性表达爱国热情

爱国是一种美好的情操，但不能脱离法制的轨道。近年来，我们看到有些国家的民众在表达爱国热情和愤怒的时候，有一些非理性、脱离法律轨道的行为，以为只要有了爱国动机，任何行为都可以被理解和原谅。爱国无罪，但爱国有一个如何去爱的问题，而恰恰是在这点上，有些人误入歧途。动机纯良，但手段非理性甚至违法，爱国也有可能害人不浅。爱国本是一种"正能量"，其目的是要让国家变得更好，它绝不是负面情绪的胡乱发泄。让国家好，落脚点应该是从我做起，努力推动国家进步，让自己的日子好过，也要让同胞受惠。

无论何种爱国方式，一旦逾越了法律、侵害了他人利益，爱国的性质就发生了偏离，正如"真理再向前一步就是谬误"一样，基于爱国的行为，如果表现为对他人合法财产权的侵犯，这就成了法律问题。这也是绝大多数中国人都不愿意看到的，因为法治建设是中国多少年来不断在历史起伏中摸索出来的强国利民之道，是符合历史发展潮流和实现民族复兴的必然选择。任何行为只有在法治的框架内才有其进步的意义，如果以爱国的名义逾越法律无视法律，不仅与真正的爱国南辕北辙，结果只能让亲者痛、仇者快。

2008年的北京奥运会，让我们无时无刻不感受到被奥运圣火点燃的爱国激情。海外华人全力护送奥运圣火，集会抗议CNN等西方媒体对西藏打砸抢事件的无耻报道。但是，我们也发现，国人表达爱国热情的方式，同样存在着非理性的言语和举动，例如当有些国家支持"藏独"，奥运火炬在此国传递受到阻挠时，采取了极端的行为。爱国主义总是具有鲜明的时代特征，不同的历史时期需要有不同的表达形式。在经济全球化的时代，外资商场内的商品都是国货，员工、供应商都是中国人。抵制外货行为的结果，只能是损害了自己国家的利益。

我们经常在网络上看到有些网络愤青，高举着爱国无罪的大旗，无端谩骂非本民族的人，称他们为某某鬼子或洋鬼子，等等，还将所有日本车的玻璃都砸碎。这实际是极端狭隘的、偏激的民族主义，是非理性的。再如国际比赛中，对他国运动员的表现给予嘘声、喝倒彩，等等，这些都是爱国主义的非理性表达。这些做法只能显现出中华民族的小家子气，损害了大国应有的风范。

对日本右翼势力挑起的"钓鱼岛购岛"闹剧，中国政府和人民表示坚决反对和强烈抗议。国内出现了许多民众自发组织表达抗议的"保钓"示威行动，充分彰显了我国人民心系祖国、同仇敌忾的爱国热情。但也有极个别地方出现了一些非理性的抗议活动苗头，有个别人借爱国之名，砸车劫财、殴打外国人的错误行为，他们任意打砸、烧毁作为他人财产的日货，甚至有人怂恿实施打砸行为，或者将愤怒发泄在日本老百姓身上，这些苗头一旦付诸现实，不仅无益于问题的解决，还是一种违法行为。其实，真正挑起事端的，只是日本的右翼势力和某些为实现个人政治目的不择手段的政客们。大多数日本民众对此并不认同，成千上万在华的日本留学生、企业雇员、游客等，他们是无辜的，我们绝不能把愤怒发泄在他们身上。

中日之间的贸易，本是一种互惠关系。中国人既然已经买了日货，那么日货就是中国人私人财产，理应受到人们的尊重。个人抵制日货，包括进行公开表达，都应以守法为前提。主张抵制日货，也要尊重他人的自主选择，尊重他人人身自由与财产安全。

爱国不是一时冲动，而应是理性的正义之声。走上街头逞一时之勇，非法无序地示威游行不仅给城市的交通管理、社会秩序带来了不必要的影响，也给包括参与人员在内的广大人民群众的生产、生活造成了很大的困扰，还可能会被少数人加以利用和挑起事端。根据《中华人民共和国集会游行示威法》及有关法规，凡举行游行示威活动的，必须依法向公安机关申请，并在获得公安机关许可后，依法举行。未经公安机关批准或未按照公安机关许可的目的、方式、标语、口号、起止时间、地点、路线等进行的，在进行中出现危害公共安全或严重破坏社会秩序情况的，均是违法行为。爱国和守法本身并不矛盾。在一个法治的国家里，爱国首先就是要守法，守法是每个公民的基本义务，合法有序地表达爱国主义情感，才是我们公民成熟理性的表现。那些砸同胞车、劫私人财、殴外国人等非法行径，是以野蛮对抗野蛮、以丑恶反击丑恶，并非人间正道。

务实爱国是中国人表达爱国的最有效方法。尽其所能，做好自己的事情，将个人理想的实践融入社会理想实践的浪潮中，为国家的强大贡献自己的力量，才是爱国主义的务实表现。我们应当做到，将抵制作为自己消费时的选择，不强求别人；不对同胞已购买日货动手；理解对日货中暂难替代商品的购买；更重要的是爱国心转化为立志行，从自己做起，振兴中华。

在经济全球化时代，作为崇尚和平的中国人，和来自有着悠久文化历史的成熟的民族，应当具有开放、自信和包容的性格特征。对于外界的不当行为，我们应当拿出大国国民的成熟和大度，在沟通和交流的过程中，自信地将真实的中国展现给外界。不卑不亢地，平视所有在经济上的强国亦或弱国，虚心学习他国的长处，对外来的思想和文化吞吐自如。充分利用外交手段，利用一切可以利用的机会，表达自己的观点，据理力争、不卑不亢。爱国其实和爱同胞是难以分离的，因为组成国家最重要的细胞正是一个个有血有肉的同胞。一个人不可能脱离现实，脱离同胞而抽象地爱国。爱国其实与守法也是难以分离的，因为维持国家运转发展的正是法律，一个人同样无法用逾越法律的方式实现爱国。

延伸阅读

绝不让国家受委屈的李洹

留法学生李洹是来自中国西安的一名学生，2008年就读于里尔第二大学高等商学院。李洹同学曾登上法国电视二台，与该台驻北京记者就有关中国问题进行过尖峰辩论，他的语言和学识功底赢得了对方的尊敬，并为中国人守住了尊严，在留学生中引起了一时轰动。

在一次巴黎共和国广场举行的主题为"支持北京奥运反对媒体不公"的游行示威集会上，李洹发表了精彩的长篇法文演讲。他地道的法语和如播音员般圆润、激昂、优美的嗓音，再加上富有哲理和逻辑思辨的行文，以及流畅而又连珠炮般的语速，令法国人听得震惊、入神，让在场的中国留学生和华人为之欢呼。下面是节选当时李洹同学的精彩法文演讲稿译文：

女士们，先生们，亲爱的中法朋友们，你们好！

我想首先感谢巴黎人民和巴黎市警察局给了我们今天这次机会，让我们聚集于此。这是罕见的一次，也是欧洲和法国历史上最大的华人集会。

我想代表从别的城市乘坐大巴、火车和轿车，从几百公里以外自费赶来的朋友们说几句话。很多朋友没有能与我们相聚于此，但是我想替他们表达与我们一样的对中国、对法国、对法国人民，以及对中法友谊的关注。

在这次对中国妖魔化的扭曲报道事件中，我们，全世界的中国留学生，我们感觉很痛，我们的感情受到了伤害，但是我们不怪法国人民，因为造成这样结果的责任人不是你们，而是一些不负责任的媒体和职业煽动家。像所有行业一样，记者和媒体有自己要遵守的职业道德。媒体应该公正、客观，对所报道内容进行核实，评论适中。无论如何，也不能诽谤和诬蔑，没有证据地责难，扭曲事实。

在对最近发生的事情报道中，一些记者超出了他们原本的角色，完全变成了自认为拥有绝对真理的批判家，甚至把事件可笑地简单化：一个弱小而善良的受害者和一个巨大而残忍的暴徒。他们的角色从一开始就这样人为地被分配好了。

然后，记者们找寻各种方式和手段来证明这两个角色。比如说，选择性地阐述历史，认为中国的革命对中国不可分割的一部分是"侵略"，而故意不说95%受煎熬的藏人的黑暗的政教合一；把尼泊尔的警察当成是中国警察，用几十年前的照片来说今天的事情，传播根本没有验证的信息，比如根本没有可信度的所谓死亡人数，以及选用一些别有用心的人的口述。

那些外国游客的描述，和他们拍到的视频让我们看到暴徒对无辜路人进行令人发指的暴力，没有一个媒体说这是对无辜者的施暴。更有甚者，一些不负责任的媒体制造并强迫人们接受一个根本没有任何可信和公正证据的"血腥镇压"的假设。

媒体很少邀请中国人在节目中阐述他们的观点，即使有也是把他放在被告的位置上，而另一方则是在数量上几倍于他的"法官"。是，你可以批评中国政府在一段时间里不允许记者入藏，但是不能捏造不知道的事情。

这种处理西藏暴乱信息的方式，是一种媒体暴力，一种意识形态的欺骗行为，一种话语霸权，一种扭曲事实的宣传，一种无耻的欺骗。

首先的受害者是法国人民，他们具有怜悯心和博爱精神，他们相信媒体，可不幸的是，他们被操纵和欺骗了。

西方的信息模式本来还是人们的一种效仿模式，它现在不再是了。没有人有权力操纵大众舆论，无论在中国，还是在世界上任何地方。这是在所谓言论自由模式中的另一种压制言论自由的方式。

还有一些作为法国精英的政客的思维惰性，也让我们无比震惊。

所谓人权，对某些人来说是圣战的号角，和一切有政治目的不负责任的煽动的盾牌，比如说对于罗伯特·梅纳尔（"无疆界记者"组织主席）。为什么此人在关塔那摩监狱里的酷刑不断重复，在伊拉克人被美军士兵侮辱的时候消失了？这是不是一种选择性的失语呢？

联合国教科文组织终止了对"无疆界记者"的支持，在一份公告中，联合国教科文组织解释说，"无疆界记者"多次主观地报道某些国家的过程中丧失了记者的职业道德。

为什么呢？从互联网上，同时也是我们的罗伯特先生承认的信息中，我们了解到"无疆界记者"的财政支持是源于一些与美国中央情报关系密切的组织。

我们，海外的中国学生，我们很心痛，我们的感情受到了伤害，但是我们并不怨恨法国人。

我们是两个截然不同的世界之间经验与信息交换的桥梁，我们也是这场文化、思想，尤其是政治冲突最早的受害者。

在国内的中国人非常相信我们这些留学生对国外的见解。他们对于国外的认识和印象取决于这个留学生群体的感觉。

面对捏造或者说传递虚假消息的西方媒体的指责，我们这些学生中的很多人开始反击，在互联网上辩论并呼唤报道的真实性。我们都注意到，被某些媒体"喂饱了"的有些法国人对中国有着很深的偏见。

在抵制奥运、抵制中国、所谓自由西藏的叫喊声中，中国人民对西方世界的审视和不信任正在增长。中国政府的努力还远没有达到尽善尽美的地步，说它是世界上最完善的和说它是世界上最差的同样可笑。但我们这一代，我们这些20岁到30岁的年轻人，我们从幼时起，就一直生活在中国生活水平不断提高及自由度不断开放的环境中。

我们很惊讶，在这一切都向好的方面发展的时刻，在这个我们生活比以前更好的时候，国外有越来越多的人想把我们从所谓的"世界上最大的独裁"中"拯救"出来！我想问，你们以前在哪儿？我们这些在西方求学的中国人，我们对未来充满了自信。的确，中国还有很多事情要做，而我们中国人，更是对这些进步的实现有着前所未有的信心。

中国有另一种文化，另一种历史，另一个体积。社会学不是像数学一样精确的科学。在这方面，要成为一种"普遍的典范"有太多的变数。

来中国吧！来看看一个真实的、完整的中国，一个很多西方媒体不会展现给你们的中国；来西藏吧！用你们的眼睛来见证那个所谓的"文化灭绝"，是否这种灭绝真的存在，是否藏语正在"消失"，那些喇嘛们是不是可以自由地信仰他们的宗教，西藏人是不是比在达赖的神权统治下过得更好！和那些上了年纪的西藏人聊聊，谈谈他们永远无法忘记的"佛教天堂"。我们需要直接的交流、更多的知识交换，我们会继续对此作出贡献！

我们中国留学生支持奥运，支持奥运在中国举行，这个占人类五分之一人口的国家有资格承办奥运会。

奥运会是属于谁的？奥运是属于您的，属于我的，属于我们的，属于我们大家，属于全世界人民的。这不是一场政治游戏。亲爱的政客们，反对中国的那些政治势力的走卒们，请停止你们对奥运会的诬蔑。

中国作为东道主国家，想为全世界人民送上一份最好的礼物。成千上万的中国人呕心沥血多年，就是为了这一天。他们正敞开怀抱欢迎世界各国的人们。

奥运圣火在世界各地传递，所传达的是同一条信息，那就是欢迎你们的到来，中国人民期待和你们一起庆祝这个充满人性关爱的盛会。

当有些媒体提到，这次圣火传递失败是给中国的一记耳光。当代表着爱与和平的圣火，受到一些专门抗议者的侮辱行径时，我认为这确实是一记耳光，但不是给中国的，而是给中国人民的，给法国人民的，给全世界所有热爱奥运会的人民的。

很多法国人似乎对中国有一种恐惧，这种恐惧来自对中国的无知。这也是为什么我们希望你们直接和我们沟通，通过我们，热爱并希望巩固中法友谊的桥梁，来进一步了解中国。

中国和她的文化注定了我们爱好和平的本质。自秦朝统一六国后，中国就结束了原来分裂的状态，成为一个完整独立的国家，我们属于一个大家庭。

我认为这是一个具有五千年历史的文化的高度。这会令人担忧？但是文化是鲜活的具有生命力的。当你们在中国饭店使用筷子的时候，中国文化正向你们张开它的怀抱。

妖魔化中国只会让中国人愈发远离西方世界，只会加大人民间的距离。请让我们好好沟通！

我们想给你们另一个信息。我们中国留学生，非常诚恳地希望中法人民之间不要有敌对情绪，因为不管怎样这都是不理性的，也是没用的。了解两种不同文化的我们，希望成为两国人民的桥梁，一个信息沟通点。我们向你们诉说的是中国人民的真实想法和感受，我们同时也会传达法国人民对中国善意的关注。请相信我，这座桥，将会前所未有的坚固，特别是在这种极度令人遗憾的现状下。

我亲爱的法国朋友们，我们热烈欢迎你们所有人的到来，甚至那些想"在北京制造混乱"（一个欧洲议会议员的言论）的人。我们将会帮助他们找到一个好的保险公司，为他们提供一种包括所有民事责任的保险。

让我们北京见吧，亲爱的朋友们！

李洹的精彩演讲一结束，中国人和法国人争相与他合影，他似乎一下子成了明星。该演讲法文稿是李洹自己撰写的，谈到他稿子的跨度和深度时，他说由于舆论所迫，他一有时间就去研读大量中外文资料，都快成了西藏问题研究专家了。因为自己是个中国人，在国外更要爱国，宁可让自己受委屈，也不能让祖国受委屈，这是他做这一切的动力源泉。

李洹的事例向我们展示了在全球化时代的今天，中国新一代留学生应如何理性爱国，从而展现不卑不亢的智慧的爱国风采。

第六章　爱国主义时代主题
——实现"中国梦"

实现"中国梦"，就是当代爱国主义的主题。"中国梦"就是世世代代爱国者追求的崇高理想。爱国主义的情感、激情和行动都要凝聚到实现"中国梦"上来，它是发挥出爱国主义的凝聚力，动员民族团结奋斗的旗帜，是推动社会进步的巨大力量和民族精神的支柱。深入理解和准确把握"中国梦"的内涵，对于我们践行爱国主义有着极为重要的作用。

第一节　对"中国梦"的时代解读

习近平总书记在参观《复兴之路》的展览时指出，"实现中华民族伟大复兴，就是中华民族近代以来最伟大的梦想！"

实现"中国梦"必须走中国道路，那就是中国特色社会主义道路。这条道路来之不易。它是在改革开放30多年的伟大实践中走出来的，是在中华人民共和国成立60多年的持续探索中走出来的，是在对近代以来170多年中华民族发展历程的深刻总结中走出来的，是在对中华民族五千多年悠久文明的传承中走出来的，具有深厚的历史渊源和广泛的现实基础。

一、"中国梦"的时代特征

（一）综合国力进一步跃升

"中国梦"的本质内涵是实现国家富强、民族复兴、人民幸福、社会和谐。当代中国所处的发展阶段，决定了全面建成小康社会是"中国梦"的根本要求，相应地，"中国梦"也呈现出这个阶段的诸多重要时代特征。

"中国梦"的第一要义，就是实现综合国力进一步跃升。如今，我国经济总量已跃居世界第二位，但人口多、底子薄、发展很不平衡的状况并未根本改变。党的十八大描绘了到2020年的宏伟目标，即小康社会全面发展，经济持续健康发展，国内生产总值和城乡居民人均收入比2010年翻一番，科技进步对经济增长的贡献率大幅上升，进入创新型国家行列，人民民主不断扩大，文化软实力显著增强。这一指标体系，就是现阶段"中国梦"的基本蓝图。

（二）社会和谐进一步提升

党领导全国各族人民共圆"中国梦"的根本目的，就是要实现好、维护好、发展好最广大人民的根本利益，进而提升全社会的幸福指数。提升幸福指数是个复杂的系统工程，既要考虑物质因素，又要考虑非物质因素，从根本上讲，就是富国强兵，要进一步提升社会和谐的水平。党的十八大着眼于提升人民的幸福指数，将"坚持维护社会公平正义"、"坚持走共同富裕道路"、"坚持促进社会和谐"纳入夺取中国特色社会主义新胜利的基本要求，将"保障和改善民生"作为社会建设的重点。这些和谐因素的充实，对"中国梦"的阶段性特征作了更为清晰的描绘，也为"中国梦"增添了更加美丽的幸福光环。

（三）中华文明在复兴中进一步演进的"文明特征"

中华文明是世界上唯一几千年不断延续、传承至今的文明，但要体现现代文明色彩，就必须超越数千年来创造的农耕文明形态。

党的十八大将中国特色社会主义总布局从经济、政治、文化、社会建设"四位一体"升华为包括生态文明建设的"五位一体"。标志着中华文明格局开启了向物质文明、政治文明、精神文明、社会文明和生态文明全面发展的更高阶段演进的新里程。坚定不移地推进"中国梦"的实现，中华文明必将放射出更加灿烂的光芒。

促进人全面发展的人生价值。《共产党宣言》指出，共产党人的最终目标是建立"每个人的自由发展是一切人的自由发展的条件"的"联合体"。党的十八大明确把"促进人的全面发展"纳入中国特色社会主义道路的内涵之中，并且强调，"不断在实现发展成果由人民共享、促进人的全面发展上取得新成效"。这标志着中国特色社会主义把实现人的自由全面发展作为终极价值追求，必将极大提升"中国梦"的吸引力、凝聚力和感召力。

二、实现"中国梦"的动力来源

"中国梦"，既然是一个梦想，那么它必然是关乎人们尚未实现但又在努力争取实现的事情，并由此催生强烈的奋斗动机和动力。

中国人民实现国家富强、民族复兴、人民幸福、社会和谐的愿望，是强烈而迫切的，这就是实现"中国梦"的强大动力源。实行改革开放才30多年的中国，却已经取得了突飞猛进的跨越式进步，证明了这个动力源的存在和强大。它主要源自三个方面。

首先是追求经济腾飞，生活改善，物质进步，环境提升；其次是追求公平正义，民主法制，公民成长，文化繁荣，教育进步，科技创新；最后是追求民族尊严，主权完整，国家统一，世界和平。在这三大动力来源的基础之上，中国有远见、有胆识、有智慧、有爱国情操的公民、团体及领导人，及时准确地找到整合协调这三大动力源的共同支点，形成发展进步的兼容合力，就能造就托起"中国梦"的众志成城。

我们每个人都有一个只属于自己的梦，但我们同属于一个国家，所以每个人的梦又与国家民族兴衰荣辱紧密相连。先贤顾炎武早就发出了"天下兴亡，匹夫有责"的呐喊。因为，国家好，大家才能好！

中华民族那些出生于清末民初的动荡岁月的人们，见证了旧中国的积弱积贫，也见证了"中国人民站起来"；生于日寇铁蹄之下的人们，见证了"落后就要挨打"，也见证了"改革开放富起来"；出生于新中国的人们，见证了短缺经济的拮据，也见证了新世纪的新生活，见证了中国成为世界第二大经济体；出生于当今的青少年，他们将见证我们的祖国在2020年全面建成小康社会，到2049年建成富强、民主、文明、和谐的社会主义现代化国家。

每个人心中又升腾起关于国家社会的梦想，也许不尽相同，但共同的一定是国泰民安、经济发展、政治清明、文化繁荣、社会和谐、生态良好、公平正义。

但是，我们的生活不是没有阴霾。既有对贪官污吏的痛恨，也有对非法敛财"大款"们的愤怒；既有对主仆错位的困惑，也有对道德滑坡的担忧；既有贫富差距拉大，也有像"房叔"、"房妹"的不公。正因为还有种种不如意，所以才期盼政治清明，政府廉政，"老虎"、"苍蝇"一起打，把"公仆"行为"关在"法律制度"笼子里"；期盼有更好的教育、更稳定的工作、更满意的收入、更可靠的社会保障、更高水平的医疗卫生服务、更舒适的居住条件、更优美的环境；期盼孩子们能成长得更好、工作得更好、生活得更好。习近平总书记说："人民对美好生活的向往，就是我们的奋斗目标。"总书记关于"中国梦"的深情阐述和我们一定要"始终与人民心心相印、与人民同甘共苦、与人民团结奋斗，夙夜在公，勤勉工作"，一定要有"坚定决心，有腐必反、有贪必肃"的承诺和决心，赢得中华儿女交口称赞，为实现中华民族伟大复兴的"中国梦"凝聚起强大的精神能量。

"中国梦"里，有"强国"也有"富民"；"中国梦"里，有期盼也有实干。中华民族是一个命运共同体，只有民族、国家全面科学发展，个人才能实现梦想。同样，只有每个人都充满激情，"中国梦"才够美丽，才够坚实。

没有梦想的民族是可悲的，对美好梦想没有坚定不移、矢志不渝追求信仰的民族同样没有前途。习近平总书记强调既要实干兴邦，又要胸怀共产主义的崇高理想，做共产主义远大理想和中国特色社会主义共同理想的坚定信仰者和忠实践行者。

新中国成立60多年、改革开放30多年来，我们的一个个梦想成为现实，圆了民族独立梦，圆了百年奥运梦，圆了航天航海梦，也圆了房子、汽车、上学、养老的百姓梦。世界还将见证，一个更加美丽的"中国梦"将在我们手中梦想成真！

三、"中国梦"的发展历程

"中国梦"记录着中华民族从饱受屈辱到赢得独立解放的非凡历史，实现中华民族伟大复兴的"中国梦"，是随着另一场梦的破碎产生的。中华民族的文明史，证明中华文明曾以其独有的特色和辉煌，走在世界文明发展的前列，为世界文明进步作出过巨大的贡献。然而，随着资本主义生产方式的兴起，随着近代工业革命脚步的加快，中国很快落伍了。故步自封的封建统治者仍然沉浸在往日的辉煌所造就的梦想之中，等待着"万国来仪"。不料，等来的却是西方列强的船坚炮利，等来的却是亡国的灭顶之灾。

1840年爆发的中英第一次鸦片战争，不但打开了中国的国门，也打碎了"天朝之梦"。从此，中国逐步沦为半殖民地半封建社会。一系列的侵略战争接踵而至，一系列的不平等条约被迫签订，中华民族遭受的屈辱与苦难世所罕见。这证明了一个铁律：落后就会挨打，生存必须自强。

但是，中华民族精神从未泯灭。中华民族犹如一头沉睡的雄狮，在唤醒中华民族萌发出"中国梦"的过程中，无数仁人志士屡仆屡起，不懈探索奋斗。真正把中国人民和中华民族带上实现"中国梦"的人间正道的，是中国共产党。中国共产党自1921年诞生之日起，就在华夏大地掀起了一场前所未有的彻底反帝反封建的民主革命。在这场史无前例的伟大革命中，中国共产党从蹒跚学步的幼年迅速成长起来，经历过一次又一次血与火的考验。从大革命失败的血雨腥风到井冈山的星火燎原，从第五次反"围剿"失败到经过万里长征后，在抗日烽火中再起，从奋起反击国民党军的全面内战到五星红旗在天安门广场冉冉升起，正可谓"雄关漫道真如铁，而今迈步从头越"！

从1840年起，中华民族为实现"中国梦"，整整走过了109年，才迈出了赢得民族独立、人民解放的第一步。在这一百余年的前80年里，中国人民始终在黑暗中探索。只有中国共产党的诞生和奋斗，才把中国从黑暗引向了光明。在整个中国革命中，中国共产党为了实现"中国梦"牺牲了数百万优秀党员，中华民族牺牲了上千万英雄儿女，英烈们的鲜血染红了五星红旗。对于这段历史、对于为这段历史而献身的先烈，我们要永远铭记。

新中国成立伊始，毛泽东等老一辈革命家就带领中国共产党和全国各族人民，为建设一个繁荣昌盛、各族人民当家做主的社会主义现代化国家而奋斗。

我们建立起了具有中国自己特点、适合中国国情的社会主义根本制度。首先建立起来的，是以工人阶级为领导、工农联盟为基础、最广泛的人民民主统一战线为纽带的人民民主专政的国体。这一国体的建立，使新中国有可能在对极少数敌对势力实行专政的同时，在人民内部实行最广泛的民主。在此基础上，逐步建立了人民代表大会这一根本政治制度和中国共产党领导的多党合作和政治协商制度、民族区域自治制度，以及以公有制为主体的社会主义经济制度。

然而，探索的道路并不平坦。在一个经济文化落后的东方大国实行彻底的民主革命并取得胜利固然不易，在这样的大国穷国中建设社会主义现代化国家更是一件前无古人的伟业。实现伟大的梦想，想要一帆风顺，没有牺牲，不付出代价，是难以想象的。"大跃进"和"文化大革命"的发生，就是这样的沉痛教训。

同历次犯错误一样，从失误中警醒，并以对人民、对历史高度负责的态度彻底纠正错误的，不是别人，正是中国共产党自身。党的十一届三中全会以来，邓小平一面坚持和发展毛泽东思想，实事求是地纠正毛泽东晚年所犯错误，实事求是地充分肯定毛泽东的历史地位和伟大功绩；一面应对新问题、解决新问题，开创了改革开放和中国特色社会主义事业。改革开放极大地改变了中国的面貌，在华夏大地再一次掀起了一场前所未有的深刻革命，极大地解放和发展了社会生产力，创造出令世人惊叹的中国奇迹。

我们建立和完善了社会主义市场经济，极大地解放和发展了社会生产力，形成公有制为主体、多种所有制经济共同发展的基本经济制度新格局。经济总量跃居世界第二位，人民生活水平实现从温饱到总体小康的历史性跨越。

中国特色社会主义建设，随着道路的拓展、理论的创新不断向前发展，总体布局从经济建设、政治建设、文化建设三位一体发展为四位一体，又发展为经济、政治、文化、社会、生态文明建设五位一体。

改革开放新时期取得的全部成就最终归结到一点，就是开辟中国特色社会主义道路，形成中国特色社会主义理论体系，确立中国特色社会主义制度。它们"三位一体"，分别以实现途径、行动指南、根本保障共同支撑着中国特色社会主义伟大实践，形成了最鲜明的中国特色、中国经验。有了道路、理论、制度支撑的"中国梦"距离我们不再遥远，它是必定实现的美好未来。

四、实现梦想的三部曲

新中国成立在20世纪中叶。世界都在问：中国能否发动工业化、城镇化、现代化，能否找到摆脱绝对贫困、摆脱极端落后的面貌，实现小康水平、小康社会、重新崛起和伟大复兴之路？现在历史给予了回答：到2011年中国GDP占世界总量比重达到10.48%，成为世界经济大国，显示了中国先衰落后崛起、先挨打后自强的历史轨迹，也为实现21世纪"中国梦”奠定了历史的大台阶。

进入21世纪，中共中央提出了实现伟大中国富强"三部曲"：第一部曲，用20年时间，到中国共产党成立100年时全面建成小康社会。十八大又围绕这一核心目标系统地设计了经济建设、政治建设、文化建设、社会建设和生态文明建设"五位一体"的目标体系。第二部曲，再花30年时间，到新中国成立100周年，全面实现中国特色社会主义现代化。第三部曲，在整个21世纪一步步实现中华民族的伟大复兴。

这三部曲是在历史的经验和教训中凝练出来的，因此也就必须处理好其内在的关系。

国家不富强，就会被人欺侮；民族不复兴，就无颜作为龙的传人。实现中华民族伟大复兴，不是简单地重寻昔日的荣光，而是要让曾经饱受列强欺侮、还是发展中国家的中国，经济发展、政治昌明、文化繁荣、社会和谐，到本世纪中叶成为富强、民主、文明、和谐的社会主义现代化国家。

强国才能富民。国强是民富最根本的安全保障，民富则是国强的内生动力。没有人民富裕，发展就不算成功；没有人民幸福，复兴就不算完成。实现中华民族伟大复兴，就是要让中国人民有更好的教育、更稳定的工作、更满意的收入、更可靠的社会保障、更高水平的医疗卫生服务、更舒适的居住条件、更优美的环境，让我们的孩子们成长得更好、工作得更好、生活得更好。进一步说，就是要让中国人民过上更加富裕、更有尊严的生活，实现每个人自由而全面的发展。

处于伟大复兴进程中的中国，在追求本国利益时兼顾他国合理关切，在谋求本国发展中促进各国共同发展；处于伟大复兴进程中的中国，坚持把本国人民利益同各国人民共同利益结合起来，以更加积极的姿态参与国际事务，共同应对全球性挑战，共同破解人类发展难题。一句话，"中国梦"不仅是属于中国的，也是属于世界的！

处理好这些关系，"中国梦"才能具有最大限度为实现国家富强、民族复兴、人民幸福而凝聚人心的伟力，无论面对多少挑战、多大困难，始终以中华民族深厚的文化积淀和历史智慧为底蕴，给人以希望、给人以信心、给人以力量。近代以来中华民族曾经饱受欺凌，山河破碎、民生凋敝，但"中国梦"在无数矢志于民族复兴的仁人志士心中从未泯灭过。梦想不灭，希望永在。"中国梦"是中华民族自强不息的不竭动力，牵引着中国砥砺前行的脚步。五四运动以来，汇聚了中华民族先进分子的中国共产党，率先破解了"中国梦"的密码，找到了实现"中国梦"的路径，波澜壮阔的铸梦世纪工程大幕开启，中国特色社会主义事业接续推进，"中国梦"的动力之源全面激活，"风景这边独好"的"中国故事"精彩呈现，中国人民从未像今天这样离伟大的"中国梦"如此之近。中国的发展必将影响着亚洲乃至世界。

"中国梦"也是为探索人类文明多样化发展的道路，开辟更加光明的前景。成就"中国梦"，既是实现民族复兴的伟大历程，也是中国人民开拓、坚持和发展中国特色社会主义发展道路的伟大历程。中国特色社会主义道路是人类文明发展进程中具有中国风格、中国气派的一条康庄大道，不同于其他国家的现代化道路，是中华民族的"人间正道"。中国既成功抵御国际金融危机冲击，又在推动世界经济摆脱危机、走出低谷中发挥了重要作用。在我们实现"中国梦"的过程中，已经与国际社会互利共赢和平发展的崭新实践，为人类社会向更高级的文明形式演进提供了新范式。

第二节 实现"中国梦"需弘扬爱国主义精神

2013年3月17日，第十二届全国人民代表大会第一次会议在人民大会堂举行闭幕会，中华人民共和国主席习近平在讲话中说：实现"中国梦"必须弘扬以爱国主义为核心的民族精神，和以改革创新为核心的时代精神。这种精神是凝心聚力的兴国之魂、强国之魂。爱国主义始终是把中华民族坚强团结在一起的精神力量，改革创新始终是鞭策我们在改革开放中与时俱进的精神力量。全国各族人民一定要弘扬伟大的民族精神和时代精神，不断增强团结一心的精神纽带、自强不息的精神动力，永远朝气蓬勃迈向未来。

一、实现"中国梦"是长期的历史过程

实现中华民族伟大复兴，既有着辉煌灿烂的前景，也是我们党矢志不渝的奋斗目标，但这又是一个长期艰苦奋斗的历史过程。

按照党和国家的规划，到本世纪中叶，基本实现现代化

后，尽管赶上和达到中等发达国家水平，但与世界上最发达的国家相比还有不小的差距。根据有关方面计算，目前我国的人均国内生产总值只相当于日本的10%。半个世纪后，我国的经济总量即使超过了最发达国家，但如果用十几亿人口一除，讲人均指标，其差距还很大。换言之，对人类文明的贡献率仍然有限。因此，实现中华民族伟大复兴是一个长期的历史过程。邓小平指出：巩固和发展社会主义制度，还需要一个很长的历史阶段，需要我们几代人、十几代人，甚至几十代人坚持不懈地努力奋斗。实现中华民族伟大复兴，应当是与巩固和发展社会主义制度同步的过程。这就是说，它是需要中华民族的子子孙孙，不断接力奋斗的更伟大的愚公移山工程。习近平指出：实现中华民族伟大复兴是一项光荣而艰巨的事业，需要一代又一代中国人共同为之努力。十八大报告说得好：只要我们胸怀理想、坚定信念，不动摇、不懈怠、不折腾，顽强奋斗、艰苦奋斗、不懈奋斗，就一定能在中国共产党成立一百年时全面建成小康社会，就一定能在新中国成立一百年时建成富强、民主、文明、和谐的社会主义现代化国家。全党要坚定这样的道路自信、理论自信、制度自信!

中华民族伟大复兴的目标一定能够实现，伟大的"中国梦"一定能变成现实。

坚持走中国特色社会主义道路，就是我们的复兴之路、追梦之旅。我们要朝着"中国梦"曙光初绽的方向奋勇前进，开创祖国更为光明的复兴前景。这就要求我们：一要勇于冲破陈旧观念的障碍；二要勇于突破利益固化的藩篱；三要勇于发扬真抓实干的作风，空谈误国，实干兴邦。

"中国梦"是贯穿于现代史的。

梦想是激励人们发奋前行的精神动力。当一种梦想能够将整个民族的期盼与追求都凝聚起来的时候，这种梦想就有了共同愿景的深刻内涵，就有了动员全民族为之坚毅持守、慷慨趋赴的强大感召力。实现中华民族伟大复兴，是全体中华儿女的伟大梦想和共同愿望，也是中国近现代史的主题。

中国在人类社会发展史上曾经长期处于领先地位，但进入近代以后，逐渐落伍了。1840年以后，由于西方列强的入侵和满清王朝的腐朽，中国一步步沦为半殖民地半封建社会。在绝境中猛醒、在苦难中奋起的中华民族，为民族大义所激奋，日益紧密地凝聚在民族复兴的伟大旗帜下，中华民族向前、向上的生命力日益强劲地迸发出来。为了改变国家和民族的命运，一批又一批仁人志士进行了艰辛努力和不懈探索。然而，从太平天国到洋务运动，从戊戌变法到辛亥革命，都没有完成救亡图存的历史使命。实践证明，不触动封建根基的自强运动、旧式的农民起义、资产阶级革命派领导的民主革命，都无法改变中国的命运。

正当中国人民不断失败又重新奋起之时，十月革命一声炮响，给中国送来了马克思列宁主义。1921年，中国共产党应运而生。中国共产党自诞生之日起，就自觉肩负起实现中华民族伟大复兴的神圣使命，团结带领全国各族人民完成了民族独立和人民解放的历史任务。新中国成立之后，中国共产党又带领人民实现了从新民主主义到社会主义的过渡，开始了在社会主义道路上实现中华民族伟大复兴的历史征程。"中国梦"和中国近现代史日益呈现出光明的色彩。

二、"中国梦"的目标参照

"中国梦"既然要实现中华民族伟大复兴，那么实现中华民族伟大复兴的具体目标是什么？这首先需要明确。尽管有关部门还没有规划蓝图，但有两个重要参照系可以帮助我们了解这个美好愿景。

一是两个百年的发展战略。即中国共产党成立一百年时全面建成小康社会，新中国成立一百年时建成富强、民主、文明、和谐的社会主义现代化国家。第一个百年发展战略，党的十八大报告作了专章阐释。第二个百年发展战略，此前党的领导人讲话也有说明。那就是赶上中等发达国家水平，基本实现社会主义现代化。此后的奋斗目标是什么？联系毛泽东在1962年讲的"要赶上和超过世界上最先进的资本主义国家，没有100多年时间我看是不行的"，联系到邓小平在制定三步发展战略时讲的"到21世纪中叶接近世界发达国家水平的构想"，不难得出结论，在本世纪中叶赶上中等发达国家之后，应当是接近、赶上和超过世界最发达的国家。显然，这是一个更长远的目标。

二是中华民族在历史上的兴盛状况。中华民族是个有着五千年文明历史的伟大民族。早自秦汉就进入盛世，作为其载体的古代中国曾以世界上头号富强大国"独领风骚"达

1500年之久。古代中国的盛世有两个重要标识：

一为疆域版图特别辽阔。从汉武帝始，疆域版图就已经很辽阔了。唐朝的盛世疆域版图达1000多万平方公里。元世祖忽必烈开辟的元帝国，其疆域版图逾越汉唐，达到古代中国的最大值，面积约为1500多万平方公里。清康熙年间设立台湾府，使古代中国疆域版图的最后定格为1300多万平方公里，包括台湾和南海诸岛。清帝国中央政府对各地的管辖权和控制力达到了封建社会的最大值。

二为对世界文明的贡献特别巨大。16世纪以前，影响人类生活的重大科技发明约有300项，其中175项是中国人的发明。正是这些重大的发明（包括发现），使中国的农耕、纺织、冶金、手工制造技术长期处于世界先进水平。直到18世纪末期，中国的经济规模仍然是世界上最大的，相当于刚刚过去的20世纪末期美国经济总量在世界经济总量上的比重。中国对外贸易长期出超，当时西方国家中最富强的英国销往中国的商品总值，尚不足以抵消中国卖给英国的茶叶一项。全世界50万以上人口的大城市当时共有10个，中国就占了6个。

　　而当世界进入工业文明之后，资本帝国主义的入侵使这个已内腐的庞然大物轰然坍塌。这个曾在世界上独占鳌头、傲视诸"夷"的"天朝上国"，迅即成为由多个帝国主义列强瓜分的积弱积贫的半殖民地半封建国家。仅仅五六十年间，几乎所有西方和东方列强通过侵略战争，签订了数百个不平等条约，对中国进行疯狂掠夺。中华民族濒临亡国灭种边缘。正是这种苦难中国的历史背景，呼唤着中国共产党诞生。她接过先进中国人"击鼓传花"的接力棒，经过90多年艰苦卓绝的不懈奋斗，终于探索出中国特色社会主义道路，使实现中华民族伟大复兴呈现出灿烂前景。

　　我们讲实现中华民族伟大复兴的科学含义应当是：

　　第一，实现中华民族伟大复兴，一般地说，不是要恢复古代中国鼎盛时期的疆域版图。历史过去几百年了，疆域沿革变化已经很大。我国遵守通行的国际法律法规，不可能去改变各国的疆域。邓小平与戈尔巴乔夫谈到近代中国自鸦片战争后遭受十几个列强侵略奴役的情况，历数了从中国得利最大的日本和沙俄侵略中国的历史。然后，他说：讲清历史问题对解决遗留问题有好处。但是，"历史账讲了，这些问题一风吹"，"结束过去，开辟未来"。邓小平的这个胸怀是正确对待历史的科学态度。实现中华民族伟大复兴，绝不是恢复过去的疆域版图。我们党和国家的领导人多次重申，中国永远不称霸，不侵略别国。因此，那种对我们国家讲实现中华民族伟大复兴就散布"中国威胁论"的言论是没有根据的。

第二，我们讲的实现中华民族伟大复兴，是要使中华民族跻身于先进民族行列，为人类作出贡献的份额尽量扩大。比如科技水平，当代中国科技的总体水平与当代世界发达国家科技的总体水平相比，还有不小差距，因而对人类贡献的份额比起古代中国来小了许多。实现中华民族的伟大复兴，就是要对人类的贡献占很大份额。毛泽东在20世纪说：6亿人口的国家，在地球上只有一个，就是我们。过去人家看我们不起是有理由的。因为你没有什么贡献。我们这个国家要建设起来，完全改变过去一百多年落后的那种状况，赶上世界上最强大的资本主义国家。你赶不上，那你就不那么十分伟大。经过许多年，应该赶过人家，这是一种责任。"如果不是这样，那我们中华民族就对不起全世界各民族，我们对人类的贡献就不大"，"中国应当对于人类有较大的贡献"。

我国的人口翻了一番多，对人类的贡献要更大，任务就更加艰巨。这就是说，我们所讲的实现中华民族的伟大复兴，主要是在对人类文明贡献率的意义上讲的，这是它的要义。当然，要像古代中国盛世那样，达到一半以上，也不一定现实。但与我国人口占世界人口的比率大体相当，乃至超过一些，还是有可能的。既然如此，实现中华民族伟大复兴，就不仅仅是复兴历史盛世，更重要的，或者更准确地说，是超越历史盛世。

三、强国梦与强军之梦并重

习近平总书记在参观《复兴之路》展览时，关于实现民族复兴是中华民族近代以来最伟大梦想的深情解读，在会见驻穗部队领导干部时，关于"中国梦"是强国梦也是强军梦的深邃阐释，凝聚了几代中国人的共同夙愿，体现了中华民族和中国人民的整体利益，奏响了中国的发展强大不可逆转的时代强音，带给中国人特别是当代中国军人深刻的启迪和极大的激励。

追梦——强国梦、强军梦相融共生，坎坷历程昭示人间正道。人有梦想才有动力，国家和军队有梦想才有未来。可以说，对"梦"的憧憬和向往，对"梦"的孜孜追求，贯穿了近现代中国史的章章节节。

"中国梦"首先是一个"强军梦"。中华民族有着悠久灿烂的文明，长期居于世界文明发展的前列。近代中国的灾难，是从西方列强在军事上比中国强大并欺负中国开始的。

1840年的鸦片战争，大英帝国用"坚船利炮"，击碎了"居天地之中者曰中国"的"天朝上国"迷梦。

1900年，八国联军拼凑起来的兵力不足两万，而京畿一带纵有十几万清军、几十万义和团之众，仍无法阻止北京陷落和赔款白银4.5亿两。

从1840年到1919年的80年间，中国与列强签订了九百多个丧权辱国的不平等条约，平均约每月一个。"和约"越签越多，而和平与安全却越来越少。

大清帝国的经济实力，居于世界前列有一个多世纪，轰然倒塌的一个重要原因是发展经济的同时，没有把强军放在很重要的位置。当西方列强"坚船利炮"打入惊醒时，已经太晚了。有备无患，无备有患，也是铁律。

百年屈辱，百年渴望。当中华民族面对"千年未有之变局""千年未有之强敌"，中华儿女就萌生了一个执着的梦想，一个民族复兴的梦想。这个"梦"，从某种意义上说是被"打"出来的。"无端忽作太平梦，放眼昆仑绝顶来"。1902年，梁启超在《新中国未来记》中，写下了对未来的梦想和期望。

为了国家、民族的富强之梦，多少仁人志士苦苦求索、孜孜探寻。从林则徐、魏源的"睁开眼睛看世界"，到李鸿章、曾国藩的"洋务运动"，从康有为、梁启超的"戊戌变法"，到孙中山领导的辛亥革命，历经一次次的失败，但强国、强军之梦从未泯灭。"拯斯民于水火，扶大厦之将倾"。汇聚了中华民族先进分子的中国共产党及其领导下的人民军队自诞生之日起，就勇敢担起了实现这个梦想的历史重任。

中国共产党带领中国人民，坚持用马克思主义之"矢"，射中国具体国情之"的"，破解了"中国梦"的密码，找到了实现"中国梦"的路径，完成了近代以来中国人梦寐以求的民族独立、民族解放的历史任务，开创了中国特色社会主义伟大事业，开启了中华民族发展进步的历史新纪元。

在中国特色社会主义道路上，近代以来中华民族的历史命运实现了两个"不可逆转"：不可逆转地结束了内忧外患、积贫积弱的悲惨命运；不可逆转地开启了不断发展壮大、走向复兴的历史进程。

在中国特色社会主义道路上，人民解放军已由昔日的"小米加步枪"，发展成为诸军兵种合成、具有一定现代化水平并开始向信息化迈进的强大军队。

"雄关漫道真如铁"、"人间正道是沧桑"。鸦片战争以来170多年的"中国梦"，在今天比以往任何时候都更加清晰、更加切近、更加现实。

历史是一面镜子，也是一部教科书。百年的探索与奋斗、苦难与辉煌向我们昭示，道路决定命运。只有在中国共产党的领导下，走中国特色社会主义道路，才能实现伟大的"中国梦"。

四、"中国梦"需弘扬爱国主义精神，实干创新

梦想连接道路，道路决定命运。没有正确的道路，就无

法汇聚各方的力量，再美好的梦想也无法实现。90多年来，我们党紧紧依靠人民，把马克思主义基本原理同中国实际和时代特征结合起来，独立自主走自己的路，历经千辛万苦，付出各种代价，取得革命建设和改革的伟大胜利，开创和发展了中国特色社会主义，从根本上改变了中国人民和中华民族的前途命运。事实证明，中国特色社会主义是实现"中国梦"的唯一正确道路。

当前的中国，比历史上任何时期都更接近中华民族伟大复兴的目标，比历史上任何时期都更有信心、有能力实现这个目标。在中国特色社会主义道路上，我们创造了同期世界上大国最快的经济增长速度、最快的对外贸易增长速度、最快的外汇储备增长速度、最快且人数最多的脱贫致富速度、最大规模的社会保障体系；今天的世界对"中国信息"充满饥渴、对"中国奇迹"充满惊叹、对中华文化充满兴趣，今天的中华民族越来越走向世界舞台的显著位置，赢得越来越多的民族荣耀与民族尊严。鸦片战争以来170多年的"中国梦"，在今天比以往任何时候都更加清晰、更加现实。

随着改革开放的深入推进，我们正经历空前的社会巨变：经济体制深刻变革，社会结构深刻变动，利益格局深刻调整，人们的价值追求也越来越多元多样。中国特色社会主义描绘了人们美好生活的蓝图，展现了中华民族伟大复兴的光明前景和科学路径，应当把每个人的前途命运与国家、民族的前途命运紧密联系起来。今天，继续"中国梦"的"圆梦"之旅，中国特色社会主义无疑是唯一正确的途径。

实干创新是关键。实现中华民族伟大复兴是一项光荣而艰巨的事业，需要一代又一代中华儿女共同为之努力。在前进道路上，我们还面临许多困难和挑战。继续"圆梦"，需要我们高举中国特色社会主义伟大旗帜，团结实干、开拓创新。

进一步赋予"中国梦"丰富的内涵。任何一个能够引领民族发展进步的梦想都是美好的，任何美好的梦想都必然伴随时代的节拍、顺应现实条件的变化而变化。中华民族的复兴梦同样如此。民族独立的梦想已经在艰苦卓绝的奋斗中得以实现之后，我们又将建设富强民主文明和谐的社会主义现代化国家，推动社会更加自由、平等、公正，将我们的生活家园建设得更加美丽。对国家、民族、人民生活的这些美好愿景，进一步丰富了中华民族伟大复兴的内涵，进一步展现了"中国梦"的强大凝聚力、感召力，进一步激发了全体中华儿女团结奋进的强大动力。

进一步凝聚团结奋斗的强大合力。邓小平说过："我们共产党人的最高理想是实现共产主义，在不同历史阶段又有代表那个阶段最广大人民利益的奋斗纲领。因此我们才能够团结和动员最广大的人民群众，叫作万众一心。"民族复兴的伟大目标只有转化为一个个相互关联、具体实在的建设要求，才能鼓舞人心、凝聚力量，才能在人们的具体实干中变为现实。党的十八大提出了全面建成小康社会和全面深化改革开放的奋斗目标，引领着民族复兴进程的顺利推进。用"中国梦"凝聚强大精神能量，需要每个行业和领域在此基础上形成具体目标、具体路线图、具体时间表，让全社会的每一部分肌体、每一个工作岗位都焕发出最大的创造活力，进而汇聚为推动民族复兴的建设洪流。

必须进一步培育攻坚克难的顽强斗志。精神能量的大小，不仅体现在其涵盖面和包容度的大小，也体现在其韧性和强度的高低。没有梦想的民族是可悲的，对美好梦想没有坚定不移、矢志不渝精神状态的民族同样没有前途。中华民族富有以坚定的信念和坚韧的毅力追求梦想的精神基因。在推进民族复兴的新征程中，我们面临的发展机遇和风险挑战前所未有，我们需要面对多种长期的、复杂的、严峻的考验，需要准备进行具有许多新的历史特点的伟大斗争。面对风险挑战和危险考验，我们唯有不断增强道路自信、理论自信、制度自信，更加坚定坚毅，更加清醒自觉，进一步培育攻坚克难的顽强斗志，进一步深化改革开放，始终坚持和发展中国特色社会主义，才能迎来中华民族伟大复兴更加光辉灿烂的前景。

实现"中国梦"必须发扬爱国主义精神，凝聚中国力量，这就是中国各族人民大团结的力量。"中国梦"是民族的梦。也是每个中国人的梦。只要我们紧密团结，万众一心，为实现共同梦想而奋斗，实现梦想的力量就无比强大，我们每个人为实现自己梦想的努力就拥有广阔的空间。生活在我们伟大祖国和伟大时代的中国人民，共同享有人生出彩的机会，共同享有梦想成真的机会，共同享有同祖国和时代一起成长与进步的机会。有梦想，有机会，有奋斗，一切美好的东西都能够创造出来。全国各族人民一定要牢记使命，心往一处想，劲往一处使，用13亿人的智慧和力量汇集起不可战胜的磅礴力量。"中国梦"就一定能梦想成真。

延伸阅读

爱国者人皆爱之，自尊者人皆尊之

白求恩国际和平医院医学博士薛毅，结合自己出国留学经历，写下的一篇思想汇报，在2001年10月24日刊登于《中国青年报》：我一向不喜欢空洞地谈论政治，但我明白每一个人除了自然生命之外还有一个政治生命，爱国主义是政治生命中不可或缺的。

在瑞士的苏黎世大学薛毅进行了为期一年的博士后研修，并提前两个月完成了口腔微生物分子生物学课题研究任务，当他提交了六篇论文时，导师古根汉姆教授感到万分惊喜。没过几天，一个令许多人羡慕不已的机会来了，学校拿来一份合同，提出以1.2万法郎折合人民币6万元的高薪聘请薛毅担任研究员。然而薛毅却毫不犹豫地拒绝了，他的行为让导师感到很意外。当天晚上，导师破例约他散步，散步途中薛毅告诉了导师他为什么这么做。一是我的祖国需要我，二是我有我的信仰，我的所作所为不能违背我的信仰。薛毅本想向老师道歉，但老师阻止了他，说："薛毅，你是第一个拒绝我的人，但你的选择使我更为敬重你。"教授感叹道，虽然我们有着不同的信仰，但能为信仰而活着而奋斗、牺牲的人，是令人尊敬和羡慕的人。薛毅归国时，来自世界20多个国家几十名不同肤色的学者为薛毅举行了隆重的欢送仪式，并且仪式是由导师古根汉姆教授主持的。他的老师紧紧地拥抱着他，激动地说："薛毅，你是一个了不起的中国人！是你让我看到了一个堂堂中国人的风采。"

薛毅在思想汇报的最后说："我先后去过五个国家留学，与20多个国家的人共过事，从中我发现一个现象：爱国者人爱之，自尊者人尊之。"这句话非常值得我们深思。

第七章　践行爱国主义

美好的"中国梦"，深刻地道出了中国近代以来历史发展的主题主线，深情地描绘了近代以来中华民族生生不息、不断求索、不懈奋斗的历史。的确，从中华民族伟大复兴的波澜壮阔的历史来看，没有任何一个梦想像"中国梦"那样打动人心、激励人心、凝聚人心，也没有任何一个梦想像"中国梦"那样成为一代又一代中华民族的优秀儿女为之牺牲、为之探索、为之奋斗的伟大追求。爱国主义的情感与激情，都要倾注于实现"中国梦"的伟大实践之中。爱国主义只有行动才能展现爱国主义的巨大力量，才能保证"中国梦"梦想成真。

第一节　自觉维护国家利益

国家利益是主权国家在国际社会生存需求和发展需求的

总和。国家安全是国家利益中最重要的组成部分，它也是主权国家在生存需求和发展需求上的最重要保障，没有国家安全实际上就没有国家利益可言。由于我国特定的社会历史环境，我国国家利益主要表现为：主权、领土完整和独立发展的不可侵犯性，充分利用本国资源发展经济、发展生产力，平等地参与国际事务，和世界各国加强平等互利关系，以及扩大对外交往与合作。在维护国家安全的前提下强调国家的经济利益，把它作为新时期国家主要利益。因此我们可以看出，国家利益是国际关系的最高准则；国家安全是国家利益的最重要组成部分；国家利益是具有一定次序性的，是不断发展的。在维护国家安全的前提下强调国家的经济利益，把它作为新时期国家主要利益。

通过国家利益的概念和表现形式我们可以分析得出，国家利益作为一种社会存在反映了全民族的客观需求，体现本民族传统习俗和价值观念等，是由国家多种社会领域多个主体共同利益所构成的，所以，国家利益关系到民族生存，关系到国家兴衰，反映了绝大多数民众的需求，也就是说它具有最大的普遍性和最广泛的需求性，它也就是处理国际关系的最高准则，所以我们要做真正的爱国者就要知道国家利益的内涵、意义和价值，从而自觉维护国家利益。

一、自觉维护国家利益，就要承担起对国家应尽的义务

在当今世界，只要存在不同的民族和国家，就会产生特定国家利益，忽略国家利益势必会损害个人利益。而一个国家的主权和安全关系到一个国家的兴衰成败，它是最基本的国家利益。近代中国的历史是主权不断受到侵害的历史，是中国人民与帝国主义不断抗争的历史。腐败懦弱的清政府与帝国主义签订的一个又一个不平等条约，使中华民族遭受了前所未有的奇耻大辱。为了捍卫国家的主权与安全，百余年来中国人民进行了前仆后继的斗争，终于在共产党的领导下争取到了国家的独立与民族的解放。中国人民已经从切身体验中深深感受到了国家主权安全的重要性，所以邓小平在十二大开幕词中郑重地声明：中国人民珍惜同其他各国人民的友谊和合作，更加珍惜经过长期斗争得来的自主权利，任何外国不要指望中国做他们的附庸，不要指望中国吞下损害

祖国利益的苦果。正是因为世界各国政治经济发展不平衡，发达国家才会在经济上干预和插手，也正是因为中国是发展中国家，国家安全与主权无疑是当前国家最根本的利益。正是因为我们今天的幸福生活来之不易和国家利益在不同形式上不同程度上体现着个人利益和公共利益，所以我们每个人都应该把国家安全、荣誉、利益放在高于一切的基础上，与祖国同呼吸共命运，承担起对祖国应尽的义务。保家卫国是我们应尽的义务，同损害国家利益的行为作斗争也是应尽的义务，同时个人利益服从国家利益也是应尽的义务。青少年要爱国就要承担起自己应尽的义务，自觉维护国家利益。

二、自觉维护国家利益，就要维护国家发展稳定的大局

由于国家利益性质不同、层次不同，它的实现难度也不尽相同。世界范围内能维护国家自身生存的国家是大多数，至冷战以来200多个国家中分裂消亡的国家只有几个，如东德、苏联、捷克斯洛伐克等10多个国家，当然还有一些国家在硝烟弥漫、战火纷飞中度日。在和平与发展的大背景下，

能维持国家生存与发展的国家是大多数的，而维持生存是暂时的，国家的发展是难以控制的。维持生存是国家利益中最根本的，在维持生存的基础上还要谋求国家的发展，国家要发展就要稳定作为其坚强的后盾，纵观世界200多个国家，能维持发展的国家有四分之一，中国是之一，当前我们国家进入全面推进小康社会，建设社会主义现代化国家阶段，中国13亿人口发展飞速，并且令人羡慕地保持稳定，全社会都对未来充满信心，可以说中国改革和发展的进程势不可挡。

正是基于这样一种背景条件，我们必须以经济建设为中心，不断增强综合国力，更要从国内的社会改革入手，加大和谐社会的建设力度，我们说我们爱我们的祖国，我们要在爱国情感的基础上，理性地用知识武装自己的头脑，不管是在国内还是在国外，不仅要提高维护国家利益的信心，而且要体现作为文明大国的风格和风范，充分认识人类文化的多样性并且虚心地学习，借鉴别国的长处和经验，把爱国之志化为行动，这就要我们始终保持清醒头脑，始终牢记发展是第一要务，聚精会神搞建设，一心一意谋发展，深刻领会中央的战略布局和重大部署，紧紧抓住重要机遇时期，大大提高综合国力，自觉维护改革、发展、稳定大局，只有这样才能维护国家利益，也才能维护世界的和平与发展。事实上，维护国家利益需要我们每个公民承担起应尽的义务，自觉维护改革、发展、稳定大局，也只有在此基础之上才能使我们国家强大起来，也才能使我们树立更大的民族自尊心、自豪感，互为强大的精神动力，从而更好地维护国家利益。

三、自觉维护国家利益，就要树立民族自尊心、自豪感

邓小平曾告诫我们："谈到人格，但不要忘记还有一个国格。特别是像我们这样第三世界的发展中国家，没有民族自尊心，不珍惜自己民族的独立，国家是立不起来的。"坚定的民族自尊心和自豪感，是维护国家利益和促进民族进步的强大精神动力。

吉鸿昌在120厘米的硬纸板上用毛笔写着——我是中国人，无论外出还是宴会都戴在胸前，这是出于强烈的民族自尊心。梅兰芳宁可卖掉自己的住宅，也不愿意为日军粉饰占领下北平的太平，这也是在维护民族自尊心。在对英谈判

中，邓小平坚定地对英国前首相撒切尔夫人说，对待主权问题，中国没有回旋余地，坦率讲主权问题不是一个可讨论的问题，还接着说如果在1997年以后，也就是建国48年，中国还不能收回香港，中国任何一个领导人都无法向百姓交代，甚至不能向世界人民交代，如果不收回那就意味着中国政府是晚清政府，中国领导人就是李鸿章，这也是缘于强烈的民族自尊心和自豪感。杨利伟、聂海盛、费俊龙七年时间，一再向自己的身体极限挑战，最终向全世界展露了他们的笑容，这也是民族自尊心和自豪感。刘翔在瑞士洛桑超级田径大赛中，实现了伟大的跨越，这也是民族自尊心和自豪感。只有有了民族自尊心，才有了维护民族利益的强大动力，有了这种动力才有了改革中谋求发展的励精图治，也正是有了励精图治才有了使中国屹立于世界民族之林的力量，只有有了使中国屹立于世界民族之林之实，才有维护世界和平与发展的动力，才能使中国真正成为世界大家庭中有尊严的一员，才能从根本上维护国家利益，无形中增强了我们每一个人的民族自尊心和自豪感。

第二节　促进民族团结和祖国统一

中华民族大家庭团结和睦，始终是人心所向的，国家民族的整体利益把各民族的兴衰荣辱牢牢地维系在了一起。

众所周知我们的祖国是由56个民族组成的大家庭，这是在中国五千年漫长的历史中形成的。同时中国五千年辉煌灿烂的文明也是各民族共同创造的。民族问题历来是关乎国家存亡的核心问题，民族问题的好坏直接关乎国家的统一和领土完整。

56个民族中，55个少数民族，大致占总人口的6.7%，其中总人口超过100万的有壮族、回族、蒙古族、布依族、维吾尔族等15个民族，各民族都有各自的文化传统、宗教信仰、风俗习惯，但是我们中国却向全世界展现56个民族的繁荣盛事，这缘于我们党正确的民族政策的结果，我们国家为了促进民族内部的团结和民族之间的团结，新中国成立之后，党和国家实行民族区域自治制度。一方面维护了民族团结和祖国统一，另一方面也维护了各民族的利益与权益，促进各民族共同奋斗，共同繁荣和发展，是实现全国各民族最高利益的重要保障，也是构建和谐社会、全面建设小康、促进中华民族伟大复兴的关键所在。

2008年拉萨发生了"三一四"打砸抢事件。一群不法分子企图阻碍北京奥运会的顺利举行，在西藏自治区首府拉萨市区的主要路段实施打砸抢烧，焚烧过往车辆，追打过路群众，冲击商场、电信营业网点和政府机关，给当地人民群众生命财产造成重大损失，使当地的社会秩序受到了严重破坏，13名无辜群众被烧死或砍死，造成直接财产损失超过3亿元。这是一场蓄谋已久的破坏民族团结和社会稳定的暴力事件。这是一起严重的暴力事件，是达赖集团企图干扰北京奥运会的顺利举行，实现其破坏民族团结、分裂祖国的图谋而蓄意挑起的。这次暴力事件造成无数无辜的人受到伤害，严重破坏了拉萨的和谐稳定与祖国的团结统一。而我们政府在处理这一事件中，也保持了相当的克制和宽容。由此足见党和国家对安定团结局面的珍视。当代青少年，作为维护民族团结和完成祖国统一大业的生力军，要坚决同达赖集团和其他分裂破坏分子作斗争。更重要的是，在表达愤怒、伸张正义的同时，要有理性爱国的精神，把心中的愤怒转化为奋斗的动力。

其实民族团结就要以真挚的情感为纽带，民族团结了，家才更稳定。也只有国家稳定，国家才有发展，才能维护国家利益，如果说在维护民族团结促进祖国统一的进程中，我们已经开创了各族人民共同奋斗、共同发展的局面，那么早日解决台湾问题，实现祖国统一是各族人民的共同心声。纵观海内外，中华儿女盼望台湾回归的热浪高起，中国共产党和中国人民也以最大努力最大诚意争取和平解放的前景，由于外国势力的阻挠，台湾问题迟迟没有解决，原因是很复杂的，其中很重要原因就是外国干涉。外国插手的主要原因就是不愿意看到中国的强大，利用台湾问题牵制中国的发展。关于台湾问题，台湾自古属于中国，中国人最早开发了台湾，17世纪中国人开发台湾的规模越来越大，元朝开始设置机构，进行有效管理、管辖，台湾自古就是中国的领土是毋庸置疑的，台湾问题是中国内战遗留的问题，属于内政，不同于德国和朝鲜。德国和朝鲜都是依据二战一系列条约，分裂成两个独立国家，而后又为联合国承认。台湾则是由二战协议归还中国，并且中国已经恢复了对其管辖，虽尚未统一，领土与主权并未分割，仍是一个祖国，所以统一问题应由两岸协商解决，属于内部问题。因此，我们要坚定态度，促进统一，维护台海地区的稳定，维护祖国的根本利益。

维护统一、反对分裂是中华民族的爱国主义传统，也是新时期爱国主义的丰富内涵之一。因此，要做一个真正的爱国者，就必须尽自己所能，促进民族团结和祖国统一，这是中华民族的最高利益所在，也是我们每一个人应尽的责任和义务。

第三节 增强国防观念

国防是国家为了抵御侵略与颠覆，捍卫国家主权、领土完整，维护国家安全、统一和发展，而进行的军事以及与军事相关的政治、经济、科技、文化、教育等方面的建设和斗争，是国家生存和发展的保障和维护国家政权的基石。国防观念是指一个国家和民族对国防建设的目的、内容、途径和重要性等问题的认识，它主要包括国防忧患意识、国防目标意识、国防价值意识、国防责任意识、国防法治意识和国防献身意识等。

1989年邓小平对泰国总理讲："中国要维护自己的国家利益、主权和领土完整，中国同样认为社会主义国家不能侵犯别国的主权和领土。"所以即使我们在维护国家利益的同时，我们也始终认为国家利益自始至终与世界利益是有一致性的。但爱好和平不等于能维护和平，维护国家利益必须建立在强大而巩固的国防基础之上。

古今中外的历史都证明了一个道理：如果没有强大巩固的国防，安全和发展都没有保障，已取得的一切成果就可能因国防的虚弱而顷刻间化为乌有。历史和经验还证明了一个道理，一个国家经济发展了，国防部一定强大。19世纪中叶的清朝，国民生产总值名列世界前列，而她遭遇了所有帝国主义国家的侵略，签订了近千个不平等条约，蒙受了空前的灾难和耻辱，留下了屈辱的历史。

当今世界要和平、求发展、谋求共同发展是各国的共同愿望。但天下并不太平，和平与发展的事业任重道远。世界各国在发展经济、文化的同时都非常重视军事的发展，以增强国防、维护国家利益。

新中国成立后，党和国家都清楚地认识到国防与经济发展、国家兴衰的关系。努力发展国防，取得了一系列可喜的成绩，为国家的安全、发展提供了有力的保障。今天我们要引导人民树立正确的国防观念、认识安全环境面临的威胁、强化国防观念。什么是国防观念？国防观念就是一个国家和民族对国防建设的目的、内容、途径、重要性等问题的认识，包括忧患意识、目标意识、价值意识、责任意识、法治意识、献身意识等。在我国，国防意识鲜明地反映人民对抵御外来侵略、维护国家民族根本利益的关注。国防观念是在有形、无形的国防教育中形成的。毛泽东1937年7月21日在《反对日本进攻的方针、办法和前途》一文中提出：坚决抗战的八个办法之一就是对全民进行国防教育。邓小平也多次强调要加强对公民，特别是青少年的国防教育，江泽民有一段精辟的论述：只要国家存在，就要有国防，国防教育必须长期进行下去，作为对公民的终身教育来抓。强调越是在和平建设时期，越要宣传国防教育的意义，克服和平麻痹的思想。2001年4月28日九届人大二十一次会议通过了《国防教育法》为提高国民素质，促进国防建设和经济的协调发展，创造了必备的法律条件，明确了国防建设的意义和国防的概念。

第四节　以振兴中华为己任

振兴中华！多少中国人前仆后继为实现这个目标而奋斗！从甲午战争到义和团运动期间，几个不同的政治派别先后发出了振兴中华的响亮呼喊，这表明在当时为了振兴中华而奋斗已经成为时代要求、人心所向，因此这个口号的出现也就成为历史的必然。一切要求祖国独立和民族自由的人们，都强烈地感到了振兴中华的必要性和神圣性，事实上，许多的志士仁人也正是在振兴中华的崇高信念的驱使之下纷纷地投身到戊戌运动、义和团运动，还有辛亥革命运动中去，应该说振兴中华曾经是那个历史时期促使人们从事革命事业的一个强大的推动力。具有光荣革命传统的北京大学是五四运动的发源地，在改革开放的初期北大的学生再次喊出了时代的最强音，"团结起来，振兴中华"，这个口号代表了无数青年学子的心声。

在社会主义建设时期，振兴中华的代表人物层出不穷，比如经济学家马寅初、科学家竺可桢……改革开放以来又有多少爱国青年留学归来，他们并不眷恋国外优越的生活条件，依然把自己的一切都回报给自己的祖国。中国现代化事业之所以取得令人瞩目的巨大成就，也正是无数爱国青年献身中华的爱国热情的结果。

1919年，中国在巴黎和会上的外交失败，激起了国人的愤慨，愤怒的青年学生走上街头抗议帝国主义的强盗行为，由此爆发了影响中外的五四爱国运动。青年学生们以这种方式来表达他们的爱国之情，因为那时的祖国内忧外患。而90年后的今天，我们的任务不再是外求民族独立，内求人民解放，而是如何把我国建设成为一个富强、民主、文明、和谐的社会主义现代化国家，如何实现中华民族的伟大复兴，这才是新时期爱国主义的主题。任何一种方式，只要是围绕这一主题，都是爱国的表现，无所谓高贵和低贱，在爱国主义的天平上，它们是同样值得赞扬和崇敬的！振兴中华，人人有责，每个人的能力有大小，报国方式各不相同，伟人有伟人的报国方式，平凡人有平凡人的报国方式，但只要为国家的繁荣昌盛尽心尽力了，你就是一个忠诚的爱国者。

前辈们已把一个任人凌辱的旧中国改造为一个民主独立

的新中国，为振兴中华迈出了一大步，今天把中国建设成一个富强、民主、文明、和谐的国家就是我们的任务。

在21世纪，我们的民族、我们的国家正面临新的形势和新的问题，应该说既有机遇也有挑战，既有光辉的前途又有不能回避的困难，那么作为祖国未来民族希望的青年学生们，我们要怎样继续以振兴中华为己任呢？

首先我们要有爱国之志，然后我们要自觉地维护我们国家的利益，还要在充分认识民族团结和祖国统一的基础之上，增强我们的国防观念，勤奋学习，勇于创新，从我做起，从现在做起，以振兴中华为己任。

从我做起，从现在做起。加入到振兴中华的队伍当中来，我们才能够真正地维护我们的国家利益，才能够实现中华民族的伟大复兴。在母亲面前我们不需要什么豪言，也不需要什么壮语，只需要时时关注母亲的一切，只需要在母亲疲倦的时候轻轻地为她捶一捶肩膀，只需要默默地尽上我们的一份孝心。报国和报答母亲是一样的，它只需要有爱国的真挚情感，只需要有爱国的理智行为，只需要有报国的实际行动。所以说青少年报效祖国的方式是多种多样的，只要我们自觉弘扬以爱国主义为核心的民族精神和以改革创新为核心的时代精神，只要我们努力学习，掌握报效祖国的本领，只要我们身体力行脚步坚定，那么我们就能够实现一个忠诚的爱国者的人生追求。

第五节　立足本职工作，从小事做起

实现"中国梦"是全体中华民族儿女共同的伟大壮举，是践行爱国主义的集中体现，要用我们团结一致的力量才能实现。这是前无古人的事业，一定会有许多无法预知的困难要我们去克服，有许多高峰要我们去攀登。它又是一个长期过程，要一代又一代接续奋斗，自强不息，持续努力，才能不断取得胜利。它只有起点，没有终点，需要持之以恒的爱国主义热情浇筑。它是共同的事业，需要每个人全力以赴。

"天下兴亡，匹夫有责"没有错，不过我们也不能忘记"一个和尚挑水吃，两个和尚抬水吃，三个和尚没水吃"的寓言故事。要不等不靠，坚持天下兴亡，匹夫有责。我们所在的每一个岗位，都是"中国梦"的组成部分。农民就要认真种田，科学种田，多打粮食，建设好社会主义新农村；工人就要做好每一件产品，一丝不苟，保证质量，实现更高价值，钻研技术，创造价值更高的新产品；学生就要读好书，积累知识，学好本领，时刻准备做实现民族复兴的接班人；军人则要刻苦训练，练成过硬功夫，真正做到召之即来，来之能战，战之能胜，争做歼敌英雄；公务员则要认真履行职责，全心全意为人民服务，依法行政，当好公仆；法官则要学好法律，用好法律，秉公审判，决不可出现误判错判。

我们的先贤把实现人生价值的程序编排为"修身、齐家、治国、平天下"是很有道理的，是几千年积淀的结果。这里说的修身的起点是从个人的努力、个人的创造、个人的成就开始的。接着是家，要把家管好、治好。家是国的浓缩，国是家的放大。家家富裕汇成国家的强大，家家文明汇集成国家的文明。（古人说的齐国指的是分权治理的诸侯国，平天下才是统一的国家。）治家的下一步，则是要从集体单位，从一个地区开始，把事情做好，这样环环相扣，做到每一个链条都不掉链子，我们国家强大的理想才能实现。

越是职位高、权力大的人，越要强调"从我做起"，因为你的作用相对于一般人大了许多。正所谓成也萧何败也萧何，一个单位，一个地区的荣辱兴衰，可能由于你的一个作为而有所变化。没有见过一个家的家长，一个村的书记、村长或一个单位一个地区的头目自己骄奢淫逸、鸡鸣狗盗，而能把家、村、单位、地区治理得兴旺发达的。掌握权力者，在我们逐梦的大军中，要不断增强自我净化、自我完善、自我革新、自我提高能力，增强机遇意识、发展意识、宗旨意识、使命意识和忧患意识，为人民执好政，掌好权。

把爱国主义的理想追求见诸行动，才是真正的爱国者。追逐"中国梦"，必须真抓实干，空谈误国，实干兴邦，一打纲领不如一个实际行动。如果空喊口号、不见行动，或者敷衍了事、马虎应付，"中国梦"就可能成为"空想"。我们只有克服浮躁情绪，抛弃私心杂念，不等不靠、迎难而上，全力以赴、积极主动地投入到党和人民的事业中去，把各项建设的目标、要求、责任、措施具体化，把每一项工作都往实里抓、往深里推、往细里做，"中国梦"才能最终实现；只有一步一步跟踪问效，确保各项建设的每一个过程和环节都精益求精，才能扎扎实实铸就精彩的"中国梦"；只有进一步健全发现问题、纠正错误和追究责任的长效机制，及时发现并坚决纠正种种形式主义、官僚主义、浮夸作风和不切实际的做法，才能从根本上保证各地区各部门树立真抓实干的作风，以优良党风促政风带民风，形成凝聚党心民心的强大力量，共圆我们的"中国梦"。

爱国主义行动，要从小事做起。诚然，历史上涌现的伟人、英雄、模范都创造了丰功伟绩，但他们也是从小事做起的。涓涓细流汇成大海，一砖一瓦筑成大厦，不积跬步，无以至千里。毛泽东伟大，他也是经历过调查农民、秋收起义、到瑞金、上井冈、爬雪山、过草地、达延安、入住西柏坡的茅草屋，最终才站立在天安门城楼上的。钱学森伟大，他也是能把整本无机化学从头背到尾，用三年时间阅遍当时所有的数学、化学、动力学等书籍重达800斤，才成就了他的惊世巨著《工程控制论》，为国家制造出让敌人闻风丧胆，能够承载原子弹、航天器的火箭。小事不小，能做到"不因善小而不为，不因恶小而为之"的人，才能有高尚人品，一个壮观的航天器要由成千上万个包括小小螺丝在内的部件组成，缺一件也得烧成灰烬，摔得粉碎。连自己父母都不孝的人，就不要奢谈报效国家；横征暴敛的人，就不要标榜为人民服务。乱吐痰，说脏话，旁若无人高谈阔论就有可能丧失国格。

做好每一件小事都是对国家的奉献。实现"中国梦"的过程，都是我们人生出彩的机会，千万不要错过。抬望眼，"中国梦"如此雄浑绚丽，历史的英雄留在我们的记忆里，"雄关漫道真如铁，而今迈步从头越"，让我们在实现中华民族伟大复兴的逐梦中，从小事做起，向大事努力，实现每个人的人生价值。

延伸阅读

王选——正义的"铁女子"

王选生于浙江省义乌崇山村，本来在日本有着高薪的工作，过着安静的生活。1995年，首届侵华日军细菌战研讨会在黑龙江省召开，三名来自浙江义乌的受害人，代表全村要求日本政府赔偿。这条消息激活了王选童年的记忆，日本是第二次世界大战中唯一使用生化、细菌武器的参战国，从1931年到1945年，侵华日军曾对我国除新疆、西藏和青海外的20多个省区发动大规模的细菌战至少36次，给中国人民造成巨大灾难，王选的家乡有396人死于鼠疫，她的家族里有8人罹难。

1996年，王选自发担任中国受害者诉讼原告团团长。从此她奔波于中日两国各地寻找证人，搜集证据，开始了对日本政府的漫长诉讼，为此她耗尽百万家产。"我明白了揭露是为了记忆，而记忆并不是为了恨。站在法庭上，王选这个名字已经没有意义，我不仅仅是一名原告，我代表的是无数屈死的灵魂。"为了一群七老八十的日本细菌战受害者，这个弱女子同日本政府进行了八年"嘴战"。她试图让人们明白：日本细菌战的真相若不大白于天下，人类文明史将蒙辱。美国历史学家谢尔顿曾说："只要有两个王选这样的中国女人，就可以让日本沉没。"

2002年末，王选先以最高票当选由《南方周末》读者评选的"2002年度人物"，后入选中央电视台"感动中国2002年度十大人物"。2003年5月20日，王选第28次走上法庭激昂陈词："在二审之际，就是要伸张原告作为人的权利和尊严，从而维护全人类的尊严；致力于揭露日本军国主义的罪恶，从而维护全人类的正义；致力于揭露侵略战争和细菌战的残酷，从而维护全人类的和平。"一切只为给中国人讨一个说法，还历史一个真相。王选的行为最终让日本东京法院承认第二次世界大战期间日军的行为是不人道的。她的行为是一种理性的爱国，而不是简单的情绪宣泄，感动了千千万万的中国人。

王选的行为告诉我们为正义而战是受人敬重的，违反人类社会基本伦理道德的行为是不容许的，争取个人权利和人的基本尊严是人生存的意义所在。

作为青年学生，我们应该将自己的爱国热情转化为学习的动力。今天国家给我们提供了和平稳定的学习环境，明天我们将报效祖国，对于正在崛起的祖国，最需要的是我们今天努力学习知识，最终成长为建设祖国的栋梁，因此，我们现在好好学习就是热爱祖国的最佳方式。

华罗庚

华罗庚是我国当代杰出的爱国数学家。1910年11月12日出生于江苏省金坛县一个贫民的家庭。中学时，他偏爱数学，老师精心地培养他，他自己也刻苦自学。19岁时这个名不见经传的乡村初中毕业生就敢于著文反驳著名教授的文章，因此他受到了清华大学数学系主任熊庆来教授的赏识，并被清华大学破格提拔为助教、讲师，中华文化教育基金会还聘他为研究员。其间他发愤图强，在不到三年的时间里，取得了令人瞩目的科研成果，并有机会作为访问学者到英国剑桥大学留学。留学期间，关于塔内问题，华罗庚研究出了"华氏定理"。1938年，怀着反对日寇侵略的爱国热情，华罗庚回到了祖国，在艰苦的条件下努力进行科研活动。1946年应美国普林斯顿大学魏尔教授的邀请，华罗庚访问了美国。在美国的四年，华罗庚因丰硕的科研成果，成为名列世界前茅的数学家之一，为了将华罗庚留在美国，他们开出了一流科研条件、终身教授的职务和优裕的物质生活条件摆在华罗庚面前，然而这些名利丝毫不能动摇华罗庚报效祖国的决心。

1950年2月，华罗庚带领全家回国。途经香港时，他为动员大家回国建设社会主义祖国，给留美的中国学生写了一封公开信，信中说："谁给我们特殊学习机会，而使得我们大学毕业？谁给我们必需的外汇，因之可以出国学习？还不是我们胼手胝足的同胞吗？还不是我们千辛万苦的父母吗？受了同胞们的血汗栽培，成为人才之后，不为他们服务，这如何可以谓之公平？如何可以谓之合理？朋友们，我们不能过河拆桥……朋友们！梁园虽好，非久居之乡。归去来兮！……为了抉择真理，我们应当回去；为了国家民族，我们应当回去；为了为人民服务，我们也应当回去；就是为了个人的出路，也应当早日回去，建立我们工作的基础，为我们伟大祖国的建设和发展而奋斗！"华罗庚的爱国热情和报国志向丝毫没有被国内极其艰苦的生活和工作条件减弱，他不断地在数学领域开拓创新。1985年，华罗庚在日本东京大学作完学术报告时突发心脏病，倒在了讲演台上，实现了自己"最大的希望就是工作到生命的最后一刻，为共产主义事业奋斗终生"的誓言。华罗庚取得的卓越成就使他当选为美国科学院外籍院士、第三世界科学院院士和联邦德国巴伐利亚科学院院士，他的名字也被载入国际著名科学家的史册。

华罗庚的成功告诉我们：任何人都需要养成自学的好习惯，自学能培养我们独立学习、独立思考的能力，有了这种独创精神，我们才能有所创新、有所发明。我们自己的路得自己走，拥有踏踏实实的学习态度，我们才能在循序渐进的道路上一步一个脚印，积累经验，取得进步，从而作出大成绩。